U0348151

苦瓜

营养价值与功效

 刘子记　主编

中国农业科学技术出版社

图书在版编目（CIP）数据

苦瓜营养价值与功效 / 刘子记主编 . — 北京：中国农业
科学技术出版社，2020. 8
ISBN 978-7-5116-4895-2

Ⅰ . ①苦⋯ Ⅱ . ①刘⋯ Ⅲ . ①苦瓜—营养价值 Ⅳ . ① R151.3

中国版本图书馆 CIP 数据核字（2020）第 134849 号

责任编辑 李冠桥
责任校对 贾海霞

出 版 者	中国农业科学技术出版社
	北京市中关村南大街 12 号　邮编：100081
电　　话	（010）82109705（编辑室）（010）82109702（发行部） （010）82109709（读者服务部）
传　　真	（010）82106625
网　　址	http ://www.CASTP.cn
经 销 者	各地新华书店
印 刷 者	北京建宏印刷有限公司
开　　本	710mm×1 000mm　1 /16
印　　张	10.5
字　　数	220 千字
版　　次	2020 年 8 月第 1 版　2020 年 8 月第 1 次印刷
定　　价	66.00 元

项目资助

本书由农业农村部部门预算项目"粮经轮作模式关键技术优化提升与集成示范"、海南省热带园艺作物品质调控重点实验室科研项目"不同砧木品种对苦瓜风味品质及药理活性基因表达的影响"资助。

《苦瓜营养价值与功效》
编委会

主　编

刘子记

副主编

孙继华　　　牛　玉　　　戚志强　　　韩　旭

李晓亮　　　杜公福　　　于仁波　　　朱　婕

苦瓜（*Momordica charantia* L.，2n = 2x = 22）为葫芦科苦瓜属一年生蔓生草本植物。苦瓜属包括 59 个种，其中 47 个种分布于非洲地区，12 个种分布于亚洲和澳大利亚地区。苦瓜起源于非洲，广泛分布于热带、亚热带和温带地区，在亚洲、非洲及南美洲有着悠久的栽培历史。苦瓜营养价值很高，富含维生素 C、维生素 E、氨基酸及矿物质。苦瓜适应性广，收获期长，并且随着大众对苦瓜营养价值的充分认识，我国苦瓜生产发展迅速，栽培面积逐年扩大，推动了苦瓜研究工作的深入开展。

苦瓜所含的药理活性成分具有抗突变、降血糖、抗肿瘤和提高人体免疫力等功效。MAP30 蛋白主要针对底物保守区域发挥作用，通过多途径、多层次发挥抗病毒和抗肿瘤功能，不易产生耐药性，并且对耐药性菌株也非常有效，具有高效、安全等特点，显示出巨大的潜在临床应用价值，备受各国科学家的广泛关注，随着研究的进一步深入，MAP30 蛋白的应用前景将会更加广阔。苦瓜中的皂苷、多糖、蛋白及黄酮等多种天然活性成分都具有良好的降血糖作用，这些活性成分可通过多条途径降低血糖含量，其中某些成分还具有相互协同作用。苦瓜作为一种优质的药食兼用的食品加工资源，无论在医药、保健食品、食品加工业等方面都有非常广泛的应用前景。伴随经济的发展和人们生活水平的提高，全民健康意识和保健意识的逐步加强，苦瓜产业必将获得更大的发展。

　　本书系统总结了苦瓜的营养价值与药用价值；苦瓜抗病毒、抗肿瘤有效成分与作用机制；苦瓜降糖活性成分与作用机理；油绿苦瓜种质种子脂溶性成分分析；白色苦瓜种质种子脂溶性成分分析；大顶苦瓜种质种子脂溶性成分分析；日本苦瓜种质种子脂溶性成分分析；不同来源苦瓜种质种子脂溶性成分分析；苦瓜种质微量元素含量及脂溶性成分比较分析；苦瓜 *MAP30* 基因克隆与单倍型分析；苦瓜 *MAP30* 基因启动子克隆与单倍型分析；苦瓜 α- 苦瓜素基因克隆与单倍型分析；苦瓜 α- 苦瓜素基因启动子克隆与单倍型分析；苦瓜菜谱；苦瓜汤谱；苦瓜饮品。以期为苦瓜种质资源创新、优良品种选育和特色保健产品研发提供参考。由于编者水平有限，书中不妥之处在所难免，恳请专家和读者批评指正。

编　者

2020 年 6 月

目 录
CONTENTS

第四章　苦瓜菜谱

第五章　苦瓜汤谱

第六章　苦瓜饮品

第一章

苦瓜营养价值与药用价值

第一节　苦瓜的营养价值与药用价值

苦瓜味苦性寒，广泛分布于热带和温带地区，历史对苦瓜的最早记录出现于《滇南本草》，此后《本草纲目》将其描述为"去邪热，解劳乏，清心明目，益气壮阳"，可见苦瓜具有巨大的营养价值和药用价值。

一、苦瓜营养价值

苦瓜含有丰富的营养物质，包括蛋白质、粗纤维、多种氨基酸、维生素、矿物质，尤其是其维生素 C 的含量居于瓜类蔬菜之首，其所含维生素 C 为冬瓜的 4 倍、丝瓜的 11 倍、黄瓜的 14 倍、南瓜的 21 倍。苦瓜富含维生素 B_1，具有预防和治疗脚气病，维持心脏正常功能，增进食欲等作用。苦瓜含有果胶，能降低血液中胆固醇的含量，具有防止脂肪聚集的作用，果胶还能与维生素 C、镁、钙、锰、硒等结合成新的化合物，增强降血脂的功效。苦瓜中的苦瓜苷和苦味素能增进食欲，健脾开胃。每 100 g 嫩苦瓜中，水分含量为 93～94 g，蛋白质含量为 0.9～1.0 g，脂肪含量为 0.1～0.2 g，碳水化合物含量为 2.6～3.5 g，粗纤维含量为 1.1～1.4 g，维生素 A 含量为 17～22 mg，维生素 B_1 含量为 0.03 mg，维生素 B_2 含量为 0.03 mg，维生素 C 含量为 56～120 mg、维生素 E 含量为 0.85 mg，尼克酸含量为 0.3～0.4 mg，胡萝卜素含量为 0.08～0.1 mg，钙含量为 18～22 mg，磷含量为 19～35 mg，铁含量为 0.6～0.7 mg，钾含量为 256 mg。此外，苦瓜含有 16 种氨基酸，如谷氨酸、丙氨酸、苯丙氨酸、脯氨酸等，氨基酸总量高达

11.15 mg/100 mg，其中 8 种必需氨基酸含量达氨基酸总量的 38%。苦瓜含有 10 多种人体必需微量元素，其中铜、锌、铬、钴、锰、镍的含量较高（袁祖华等，2006）。在夏季取鲜嫩的苦瓜作为菜肴具有清热解毒、明目、解暑的功效（包万员等，2011）。苦瓜含糖和脂肪较低，是肥胖者理想食品。因此，苦瓜有极高的开发应用价值。

二、苦瓜的保健价值

1. 降血糖

董英等（2008）从苦瓜中提取的多糖可显著降低糖尿病小鼠的血糖葡萄糖耐量及肝糖原的含量，并且能够显著降低果糖胺的含量。王琪（2009）研究结果表明，苦瓜皂苷、多糖具有降血糖作用。Ng 等（1986）研究发现苦瓜所含的苦瓜皂苷具有明显的降血糖作用，具有类似胰岛素的作用。王芬等（2003）研究发现苦瓜能明显降低大鼠血清胰岛素的水平，并能提高其胰岛素敏感指数。

2. 抗病毒

大量研究发现从苦瓜及其种子中提纯出的蛋白质 MAP30（Momordica anti-HIV portein of 30kD），具有抗人类免疫缺陷病毒（HIV）和单纯疱疹病毒（HSV）的作用。有关研究表明，苦瓜的提取物能保护皮下感染乙型流脑病毒的小鼠，其保护率可达 66%；苦瓜蛋白在一定浓度下还会直接灭活柯萨奇病毒，且会抑制其在体内外的 RNA 复制，降低心肌组织的病变程度（金灵玲等，2015）。

3. 抗肿瘤

Sun 等（2001）研究发现，MAP30 通过下调一些在肿瘤形成与转移中起着关键作用的基因的表达，同时上调与细胞凋亡直接相关基因的表达，来干扰病毒的生长，从而抑制肿瘤细胞的凋亡。熊术道等（2007）研究发现苦瓜籽核糖体失活蛋白对小鼠肝癌细胞具有抑制作用。刘盛邦等（2010）研究表明 α-苦瓜素具有抑制 HBV 和肿瘤细胞增殖的作用。齐文波等（1996）人研究表明，α-苦瓜素及 β-苦瓜素对小鼠 S-180 实体瘤有显著的抑制作用，抑癌率分别为 71.2% 和 68.6%。α-苦瓜素及 β-苦瓜素也可以抑制胃癌 NKM 细胞株中 RNA、DNA 以及蛋白质的合成。

苦瓜含有的维生素 C 能够消除自由基，防止细胞衰老，具有抗衰老美颜的功效。另外，维生素 C 能够防止 DNA 免受侵害，降低细胞的癌变率；抑制亚硝酸盐转化为亚硝胺，阻止外来致癌物在肝脏内发生活化。此外，苦瓜中的其他物质如胡萝卜素、维生素 E、硒等成分也具有抗癌功效。

4. 抗氧化

谢佳等（2010）研究表明 6 种苦瓜多糖均具有抗氧化活性，并随着浓度的增加，抗氧化活性增强。王先远等（2001）研究发现苦瓜皂苷具有良好的抗氧化能力，能显著增强 SOD 和 GSH-Px 的活性。苦瓜的多种活性成分如苦瓜皂苷、维生素 C、维生素 E 都具有良好的抗氧化作用，能够清除自由基，从而发挥保护机体的功能（高志慧等，2007）。

5. 抗菌

张绪忠等（1996）研究发现苦瓜提取液对 11 种 165 株革兰氏阳性球菌、革兰氏阳性杆菌和革兰氏阴性杆菌具有抑菌作用。朱新产等（1998）研究表明苦瓜种仁蛋白对啤酒酵母菌、米曲霉菌、大肠杆菌和金黄色葡萄球菌均有明显抑制效应。张瑞其等（2003）利用琼脂扩散法研究表明苦瓜叶对金黄色葡萄球菌、白喉杆菌、肺炎链球菌有较明显的抑制作用。胡乔生等（2004）研究发现苦瓜叶水提物对白色葡萄球菌、金黄色葡萄球菌、肺炎球菌有显著抑制作用。此外，临床实验也已证明苦瓜叶的浓缩汁具有广谱抑菌活性（靳学远，2005）。

6. 增强免疫力

程光文等（1995）研究发现苦瓜汁和苦瓜提取液对正常小鼠的血清血凝抗体滴度、血清溶菌酶的含量、血中白细胞的吞噬能力有明显的增强作用，从非特异性免疫和特异性免疫两个方面增强小鼠的免疫功能。

苦瓜果实虽性寒味苦，但却营养成分丰富，并含有多种生理活性物质，具有极高的药用和营养价值，在医药和食品领域中有着广泛的用途，已成为国际上公认的一种保健食品。随着生活质量的不断提高，人们对自身健康关注程度日益加强，苦瓜作为一种药食同源的瓜类蔬菜，必将受到更多的青睐。

第二节　苦瓜抗病毒、抗肿瘤有效成分与作用机制

苦瓜（*Momordica charantia* L.）起源于非洲，属于葫芦科（Cucurbitaceae）苦瓜属藤蔓性一年生草本植物，广泛分布于热带、亚热带和温带地区（Fang et al., 2011；Schaefer et al., 2010）。《本草纲目》记载：苦瓜"苦寒、无毒、除邪热、解劳乏、清心明目、益气壮阳"。苦瓜作为药食同源植物，一方面富含维生

素 C、维生素 E 及多种矿物质，营养价值很高；另一方面苦瓜所含的药理活性成分具有抗肿瘤（Cao et al.，2015）、消炎（Ciou et al.，2014）和增强人体免疫力（Deng et al.，2014）等多种功效。

核糖体失活蛋白（ribosome-inactivating proteins，RIPs）是一类主要存在于植物中具有 RNA N- 糖苷酶活性（Barbieri et al.，1993；Wang et al.，2012）、RNA 水解酶活性（Mock et al.，1996）、DNA 酶活性（Thomas et al.，1992）的毒蛋白，RIPs 通过作用于核糖体大亚基 28S rRNA，破坏核糖体结构，进而抑制蛋白质的合成，最终引发细胞凋亡（Endo et al.，1987；Stirpe et al.，1980）。RIPs 包括三种类型（Peumans et al.，2001；de Virgilio et al.，2010），Ⅰ 型 RIPs 为单肽链碱性蛋白，分子量约为 30 kDa，Ⅱ 型 RIPs 是由具有植物凝集素活性的 B 链和具有 RNA N- 糖苷酶活性的 A 链通过二硫键连接的双链蛋白，分子量约为 60 kDa，Ⅲ 型 RIPs 由具有 RNA N- 糖苷酶活性的 N 端结构域和 1 个未知功能的 C 端结构域组成（安冉等，2011）。葫芦科、石竹科、大戟科和百合科植物中都含有丰富的 RIPs（冷波等，2016）。其中苦瓜核糖体失活蛋白具有显著的抗菌（Liaw et al.，2015）、抗病毒（Zhu et al.，2013）和抗肿瘤活性（Manoharan et al.，2014），受到人们的广泛关注。苦瓜中已发现的 RIPs 主要有 α- 苦瓜素、β- 苦瓜素和 MAP30 蛋白（momordica anti-HIV protein of 30kD）等，均属于 Ⅰ 型 RIPs。

一、苦瓜素的抗肿瘤作用

大量实验研究表明苦瓜中含有的苦瓜素类物质对肿瘤的防治具有重要作用。苦瓜中分离纯化出的 α- 苦瓜素能够抑制肿瘤细胞蛋白质的合成，并且可以选择性杀死绒毛细胞和黑色素瘤细胞，β- 苦瓜素可以抑制 3H- 亮氨酸、3H- 尿嘧啶和 3H- 胸腺嘧啶整合到人舌喉鳞状上皮癌细胞中（刘霞等，2002）。苦瓜素主要通过阻断蛋白和基质的信号识别，DNA、RNA 及其蛋白质合成活性，抑制转录因子 NFκB 的活性，通过信号途径促使 DNA 活性部位磷酸化来实现其药理作用（张瑜等，2009）。虽然其抗癌效果显著，但细胞毒性较强大大限制了苦瓜素在临床上的应用。

二、MAP30 蛋白结构

MAP30 蛋白不但具有抗病毒（Lee-Huang et al.，1990）和抗肿瘤（Lee-Huang et al.，2000）等多种生物学活性，而且具有良好的特异性，只对病毒感染的细胞或肿瘤细胞起作用，对正常细胞无毒副作用，这些独特的优势，显示了巨大的临床应用价值（栾杰等，2012；黄河等，2010）。MAP30 基因长 861 bp，不含内含子，编码 286 个氨基酸，包括 N 端 23 个氨基酸组成的信号肽及由 263 个氨基酸组成的成熟 MAP30 蛋白，属于分泌蛋白。MAP30 蛋白分子式为 $C_{1468}H_{2306}N_{372}O_{423}S_4$，相对分子量 30 kDa，理论等电点 pI 为 9.08，负电荷残基（Asp+Glu）为 24 个，正电荷残基（Arg+Lys）为 29 个，属于稳定蛋白，51～53 位点 Asn-Leu-Thr 残基是 N 连接糖基化位点，MAP30 蛋白虽不含 Cys 残基，但是含有特定的 Trp190 和 Met254 残基（Lee-Huang et al.，1995）。MAP30 二级结构中包括 8 个 α- 螺旋和 9 个 β- 折叠，其中 N 端富含 β- 折叠，C 端富含 α- 螺旋，C 端最后 20 个氨基酸残基具有高度灵活性，不具常规二级结构，该结构可能在 MAP30 蛋白高级结构中起过渡作用（Wang et al.，2000；刘思等，2007）。

三、MAP30 蛋白抗病毒活性与作用机制

MAP30 蛋白以病毒感染细胞及病毒本身作为攻击靶点，这就决定了 MAP30 蛋白抗病毒的广谱性。除抗 HIV（human immunodeficiency virus，HIV）外，其对单纯疱疹病毒（herpes simplex virus，HSV）（Bourinbaiar et al.，1996）、乙肝病毒（hepatitis B virus，HBV）（Fan et al.，2009）等均有明显的抑制作用。

Lee-Huang 等（1990）首次从苦瓜中分离纯化了 MAP30 蛋白并对其药理活性进行了研究，研究结果表明 MAP30 不但抑制 HIV 初始感染，而且可抑制病毒颗粒释放和病毒 DNA 在细胞间传播，以 H9 细胞株作指示细胞，检测核心抗原 P24 蛋白的表达和病毒逆转录酶活性，结果发现随着 MAP30 浓度的提高，对 P24 表达的抑制作用也随之增加，当浓度提高至 33.4 nmol/L 时，P24 的表达受到完全抑制。MAP30 对 HIV 反转录活性的抑制作用实验结果表明，与对照组相比，当 MAP30 浓度为 0.334nmol/L、3.34nmol/L、33.4nmol/L 和 334 nmol/L 时，HIV 的反转录活性分别减少到 52%、25%、13% 和 6%，在同样的试验条件下，并未观察到细胞毒副作用。该项研究表明 MAP30 即可抑制感染过程，还可抑制病毒的复制与表达。Lee-Huang 等（1995）研究发现重组表达 MAP30 蛋白同样具有抑制病毒整合酶和致使病毒 DNA 拓扑失活活性。王临旭等（2003）研究了 MAP30、无环鸟苷（ACV）对单纯疱疹病毒（HSV）的体外抑制作用，实验结果表明 MAP30 和 ACV 均可减轻 HSV 致细胞病变效应，并且 MAP30 的 IC_{50} 抑

制浓度明显低于 ACV。另外，相关研究表明 MAP30 对 ACV 的耐药株同样具有明显的抑制作用，其抗病毒活性比 ACV 高 100 甚至 1000 倍。王九平等（2003）以 HBV DNA 转染的人肝癌细胞株（HepG2.2.15）为靶细胞，探讨了 MAP30 体外抗乙型肝炎病毒（HBV）的作用，研究结果表明 MAP30 能抑制共价环状闭合 DNA 及 HBV 复制中间体，并未发现 MAP30 对细胞有毒副作用。Fan 等（2009）研究结果发现 MAP30 蛋白能够抑制 HBV DNA 的复制和 HBsAg 分泌，MAP30 蛋白对 HBV DNA、HBsAg 和 HBeAg 的抑制率存在显著的剂量效应，低剂量的 MAP30 蛋白（8 μg/mL）便可抑制 HBsAg 和 HBeAg 的表达。王临旭等（2003）及 Courtney 等（1999）同样证实了 MAP30 蛋白具有体外抗 HBV 的作用。

MAP30 蛋白抗病毒的作用机制目前认为包括以下 3 点：一是选择性进入病毒感染细胞，发挥 rRNA N- 糖苷酶活性，作用于 28S rRNA 核苷酸残基位点，即 A^{4324} 或 G^{4323}，从而解开 A^{4324} 或 G^{4323} 位置核糖和嘌呤间的糖苷键，非特异性地使宿主细胞核糖体失活，从而干扰合成病毒复制所需要的酶及蛋白质，抑制病毒复制，最终引起细胞死亡，病毒也被杀死（Barbieri et al.，1994）。二是病毒基因的整合和表达需要具有拓扑活性结构的 DNA 或 RNA 分子，MAP30 蛋白能够发挥 DNA（RNA）糖苷酶 / 脱嘌呤裂解酶的活性，直接作用于病毒 DNA、RNA 分子，使超螺旋结构变成缺口环状或线状的解螺旋状态，致使拓扑失活，催化双链断裂，进而使病毒丧失复制、转录功能，抑制其整合和表达（Wang et al.，1999）。三是 MAP30 蛋白具有抑制整合酶的活性。MAP30 对整合酶催化的 DNA 3′ 末端加工、链转移和去整合 3 个步骤都有明显抑制作用，通过 3 个方面的活性发挥抑制整合酶的作用。另外，MAP30 蛋白可作用于 HIV 特异的 DNA 长末端重复序列（LTR），通过封闭 LTR 的 U3 和 U5 区使其成为整合酶的非适合底物，间接导致整合酶失活。其中第二和第三点是 MAP30 蛋白抗病毒的主要作用机制。

四、MAP30 蛋白抗肿瘤活性与作用机制

相关研究指出，使用天然产物并结合合理膳食，可以降低肿瘤的发生风险。目前已报道的具有抗癌作用的天然活性物质包括谷物、蔬菜以及部分传统中药材提取物。苦瓜在中国、印度和斯里兰卡等国传统医学中一直被用于治疗多种疾病（汤琴等，2014）。由于苦瓜 MAP30 蛋白抗肿瘤活性强、毒性低，已成为近年来抗癌研究的热点。

Lee-Huang 等（2000）研究证实 MAP30 在体内外都有抗人乳腺肿瘤的效

果，乳腺癌细胞抗原 HER2 的表达受到显著影响，采用 MAP30 处理肿瘤细胞 MDA-MB-231，肿瘤细胞的增殖受到明显的抑制。李春阳等（2001）研究发现 MAP30 对胃癌细胞 SGC7901 有明显的抑制增殖作用，采用 MAP30 处理后的 SGC7901 细胞呈现典型的凋亡形态和 DNA 含量改变。林育泉等（2005）研究发现 MAP30 对小鼠 S-180 肿瘤细胞株较敏感，随着处理浓度增加，肿瘤细胞呈现典型的细胞凋亡形态。Fan 等（2008）研究证实 MAP30 能有效抑制大肠癌 LoVo 细胞增殖，并存在时间和浓度的依赖性，凋亡蛋白 Bax 的转录和表达水平呈现上调，抗凋亡蛋白 Bcl-2 的转录和表达水平呈现下调。樊剑鸣等（2009）研究表明 MAP30 蛋白能够诱发胃腺癌细胞 MCG803 的凋亡。樊剑鸣等（2009）研究表明 MAP30 蛋白对大肠癌 LoVo 细胞体外生长具有抑制作用。韩晓红等（2011）研究发现 MAP30 蛋白可以诱导食管癌细胞株 EC-1.71 凋亡。邓缅等（2012）研究证实 MAP30 对肺腺癌细胞 A549 增殖有明显的抑制作用。何义国等（2013）研究结果显示 MAP30 蛋白对小鼠黑色素瘤、人宫颈癌细胞和人表皮癌细胞均表现出抑制作用。邱华丽等（2014）研究结果表明 MAP30 蛋白体外可诱导人乳腺癌 MCF-7 细胞发生凋亡。

　　MAP30 蛋白抗肿瘤作用机制目前认为包括以下 7 点：一是抑制核糖体活性。MAP30 作为 RIP，具有 N- 糖苷酶活性，能使核糖体 28S rRNA 的 A^{4324} 或 G^{4323} 脱去一个 A，导致核糖体失去活性，抑制肿瘤细胞蛋白合成，从而抑制肿瘤生长，也可作用于超螺旋 DNA 或 RNA 分子，使其松弛断裂拓扑失活，影响肿瘤 DNA 的复制与转录。二是诱导细胞凋亡。Fan 等（2008）研究表明 MAP30 能够诱导大肠癌 LoVo 细胞凋亡。Sun 等（2001）利用基因芯片分析表明，MAP30 通过上调与细胞凋亡相关基因的表达，从而诱导肿瘤细胞凋亡。三是下调与肿瘤细胞增殖相关的基因。Sun 等（2001）利用基因芯片技术发现 MAP30 可有效下调一些在肿瘤细胞增殖和膨大中起作用的基因从而抑制肿瘤细胞的生长。四是抑制基质金属蛋白酶活性及表达从而抑制肿瘤细胞的转移和侵袭。五是调节白细胞介素 -6 及肿瘤坏死因子等细胞因子的表达水平。六是可致黏附分子 CD54 表达上调，使细胞黏附性发生改变，从而导致肿瘤细胞凋亡（熊术道等，2005）。另外，MAP30 诱导 K562 细胞凋亡还涉及下调 Bcl-2 基因表达，调控 p53 基因表达（熊术道等，2006；尹丽慧等，2007）。七是 MAP30 蛋白对肿瘤细胞的毒性远高于正常细胞，说明 MAP30 对这 2 种细胞存在不同的细胞信号途径，因此对于 MAP30 作用于肿瘤细胞的信号途径仍需要进一步研究。

五、MAP30 蛋白应用前景分析

病毒感染和恶性肿瘤是严重危害人类健康的两类疾病。传统的抗病毒、抗肿瘤类药物主要是一些逆转录酶或蛋白酶抑制剂，不但生产成本高、价格昂贵，而且作用途径单一，具有不能完全清除体内病毒、广谱性差、容易产生耐药性、缺乏良好的特异性及严重的毒副作用等缺点。

从传统中药和植物资源中寻找新的抗病毒、抗肿瘤药物是今后一个重要的发展方向。从葫芦科植物栝楼的块根中提取的天花粉蛋白（TCS）（何贤辉等，2001）、从丝瓜种子中提取的丝瓜蛋白（谢捷明等，2005）以及从大戟科多花白树种子中提取的 GAP31 蛋白（Schreiber et al.，1999）等，都具有较好的抗病毒、抗肿瘤等活性。相关研究表明 MAP30 蛋白具有抗病毒、抗菌、抗肿瘤活性，具有比 TCS 更高效、安全的抗病毒活性（王临旭等，2003），MAP30 蛋白对多种类型病毒感染的细胞、肿瘤细胞非常有效，诱导其凋亡，而对未感染的正常细胞，包括 T- 细胞、巨噬细胞、单核细胞、精子细胞、皮肤细胞和胚胎细胞等均无毒性（Bourinbaiar et al.，1995；Schreiber et al.，1999），亦不产生耐药性，克服了传统抗病毒、抗肿瘤类药物具有的缺点，是一种新型抗肿瘤、抗病毒候选药物，具有良好的研究与应用前景。

MAP30 蛋白是一种非常有效的抗病毒、抗肿瘤植物成分，但苦瓜果实和种子中 MAP30 含量少且分离纯化工艺步骤、效率不高，随着基因工程和分子生物学研究的发展，利用基因工程方法生产 MAP30 重组蛋白将成为必然的发展方向，具有一定的优势。以往在 MAP30 蛋白的结构、药理作用和机理方面进行了大量的研究。同时，也尝试在不同生物中表达 MAP30 蛋白以期得到具有良好药用价值的生物活性蛋白。国内外学者已经在相应的表达体系中对 MAP30 基因进行了表达研究，获得的重组 MAP30 蛋白同样具有抗病毒、抗肿瘤和抗菌活性。Lee-Huang 等（1995）采用原核生物表达 MAP30 蛋白，活性分析表明重组 MAP30 蛋白对细胞瘤、乳腺癌、肝癌、黑色素瘤、骨髓瘤和神经母细胞瘤均具有明显抑制作用。Arazi 等（2002）研究证实采用南瓜黄化病毒载体生产的重组 MAP30 蛋白同样具有抗病毒、抗肿瘤活性。

尽管 MAP30 基因已成功在原核生物中表达，但与天然的 MAP30 蛋白相比，其活性存在一定的差距。樊剑鸣等（2009）研究证实采用毕赤酵母表达的重组 MAP30 蛋白对人胃癌细胞具有明显的抑制作用，且呈剂量依赖性，IC_{50}

为 30 μg/mL，而李春阳等（2001）提取的天然 MAP30 对胃癌细胞的 IC$_{50}$ 为 18 μg/mL，进一步说明重组 MAP30 比天然提取的蛋白活性稍低，而与林育泉等（2005）运用大肠杆菌表达的重组 MAP30 相比，毕赤酵母表达的重组 MAP30 活性明显偏高。因此在将来的研究中可以通过多渠道开展 MAP30 蛋白表达研究，探索最佳表达系统，并将其开发成为具有自主知识产权的一类抗病毒、抗肿瘤新药，用于临床治疗和日常保健，具有显著的应用前景，同时也可以为同类药物蛋白的研发提供理论与实验基础。另外，由于 MAP30 不同酶解片段具有不同的生物活性（Huang et al.，1999），因此将具有相应活性的片段构建成具有导向杀伤力的药物将是 MAP30 在医药领域应用的一个崭新方向。

MAP30 蛋白能够以病毒感染的细胞及病毒本身作为攻击靶点，特异抑制受病毒感染的细胞和肿瘤转化细胞，抑制效果在一定范围内具有剂量和时效依赖关系，但 MAP30 不能进入正常细胞，不诱导正常二倍体细胞凋亡，可能由于肿瘤细胞和病毒感染细胞对 MAP30 的通透性加大，这也许与细胞膜性质变化有关，另外，MAP30 蛋白识别肿瘤细胞和病毒感染细胞的具体机制尚待研究。MAP30 对正常细胞毒性很小，这表明 MAP30 在病毒感染细胞、肿瘤转化细胞与正常细胞之间发挥凋亡作用存在着不同的信号转导途径、基因调控方式等。继续深入研究 MAP30 蛋白结构与功能的关系，明确抗病毒、抗肿瘤作用机理，进而开发新型抗病毒、抗肿瘤药物制剂，必将产生良好的社会效益和经济效益。

六、结　语

苦瓜作为一种优质的药食兼用的食品加工资源，无论在医药、保健食品、食品加工业等方面都有非常广泛的应用前景。MAP30 蛋白主要针对底物保守区域发挥作用，通过多途径、多层次发挥抗病毒和抗肿瘤功能，不易产生耐药性，并且对耐药性菌株也非常有效，具有高效、安全等特点，显示出巨大的潜在临床应用价值，备受各国科学家的广泛关注，随着研究的进一步深入，MAP30 蛋白的应用前景将会更加广阔。伴随经济的发展和人们生活水平的提高，全民健康意识和保健意识的逐步加强，苦瓜产业必将获得更大的发展。

第三节　苦瓜降糖活性成分与作用机理

苦瓜（*Momordica charantia* L., 2n = 2x = 22）属于葫芦科（Cucurbitaceae）苦瓜属一年生蔓生草本植物。苦瓜属包括 59 个种，其中 47 个种分布于非洲，12 个种分布于亚洲和澳大利亚。苦瓜起源于非洲，广泛分布于热带、亚热带和温带地区，在亚洲、非洲及美洲有着悠久的栽培历史（Fang et al., 2011；Schaefer et al., 2010）。苦瓜营养价值很高，富含维生素 C、维生素 E、氨基酸及多种矿物质。此外，苦瓜所含的药理活性成分具有抗肿瘤（Fan et al., 2015；Cao et al., 2015；Zhang et al., 2015）、降血糖（Yang et al., 2015）、消炎（Ciou et al., 2014；Liaw et al., 2015；Chao et al., 2014）和提高人体免疫力（Panda et al., 2015；Deng et al., 2014）等功效。其中苦瓜的降血糖作用越来越受到人们的关注。

一、苦瓜含有的天然降糖活性成分

苦瓜中的皂苷、多糖、蛋白及黄酮等多种天然活性成分都具有良好的降血糖作用，这些活性成分可通过多条途径降低血糖含量，其中某些成分还具有相互协同作用。

1. 苦瓜皂苷

皂苷是植物糖苷的一种，是多种药物的有效成分，可分为甾体皂苷和三萜皂苷。在苦瓜的根、茎、叶及果实中均含有皂苷，以三萜皂苷为主。现已从苦瓜中分离出 70 多种皂苷类成分，包含有葫芦烷型、齐墩果烷型、乌苏烷型、豆甾醇类、胆甾醇类及谷甾醇类皂苷等（杨娣等，2013；Zhang et al., 2014；Hsiao et al., 2013）

苦瓜总皂苷是苦瓜提取物降血糖作用的主要活性成分，当剂量为 200 mg/mL 和 100 mg/mL 时，对链脲霉素所致糖尿病小鼠的降糖率分别为 46.5% 和 41.4%（降糖灵为 44.1%），对四氧嘧啶所致糖尿病小鼠的降糖率分别为 59.4% 和 49.3%（降糖灵为 56.7%）（柴瑞华等，2008）。此外，苦瓜总皂苷还具有改善糖尿病小鼠肾功能（关悦等，2012）、降体重、降血脂等功能（马春宇等，2013）。苦瓜皂苷主要通过激活单磷酸腺苷活化蛋白激酶的活性起到降糖效果（Iseli et al., 2013）。另外苦瓜总皂苷也可以促进Ⅱ型糖尿病大鼠胰岛素原基因转录，迅速升高血胰岛素以降低血糖（关悦等，2013）。

2. 苦瓜多糖

苦瓜多糖组成成分主要为半乳糖、葡萄糖和阿拉伯糖等（Li et al.，2010）。苦瓜多糖具有良好的抗氧化活性和降血糖作用。陈红漫等（2012）的研究结果表明，纯化后的苦瓜多糖在 20 mg/mL 时对羟自由基清除率可达 82%，随着苦瓜多糖体内抗氧化活性增加，其对小鼠血糖升高的抑制作用也显著增强，当多糖浓度达到 250 mg/kg 时，降糖效果与格列本脲相同。董英等（2008）的研究结果表明，苦瓜碱提多糖可显著降低链脲霉素糖尿病小鼠的肝糖原的含量，大分子量苦瓜多糖的降糖效果较好。进一步的研究结果显示，苦瓜多糖可修复受损的胰腺（宋金平，2012）。

3. 苦瓜多肽

1981 年，Khanna 从印度苦瓜果实和种子中分离到一种多肽-P，可以有效地降低血糖含量。近年来，新的具有降血糖效果的苦瓜多肽相继被报道，Yuan 等（2008）从产自中国江苏的苦瓜果实中分离到一种多肽 MC2-1-5，能够降低四氧嘧啶高血糖小鼠的血糖含量。Rajasekhart 等（2010）从印度的一种苦瓜属果实中分离纯化了一种新蛋白（M.Cy），可以有效地降低链脲霉素所致高血糖小鼠的血糖含量。Lo 等（2013）从苦瓜种子的水提液中发现了一种新蛋白，这种蛋白通过与胰岛素受体结合的方式调节血糖代谢，表明苦瓜蛋白以一种植物胰岛素的方式来降低血糖含量。Ahmad 等（2012）从苦瓜种子中提取到一种多肽 K，能在体外抑制 α-葡萄糖苷酶和 α-淀粉酶活性，表明苦瓜蛋白或多肽还可以通过抑制淀粉的降解而影响葡萄糖吸收的方式达到降血糖的目的。

4. 其他活性成分

苦瓜中的功能性成分还有黄酮类化合物、多酚类化合物、不饱和脂肪酸、生物碱和维生素等。黄酮类化合物和酚类化合物是苦瓜中重要的抗氧化活性成分，能帮助修复受损的 β 细胞，维持胰岛素的正常水平，稳定血糖含量。一些酚类化合物（Mohamed et al.，2014）和一些脂类物质能够抑制 α-葡萄糖苷酶和 α-淀粉酶的活性，从而影响肠道对葡萄糖的吸收。

二、苦瓜降血糖作用机理

1. 刺激活性 β 细胞分泌胰岛素

Welihinda（1982）发现未成熟苦瓜果实的水提物有刺激胰岛素分泌的作用。Donaldson（2002）发现苦瓜叶有促进胰岛细胞分泌胰岛素作用。上述结果提示苦瓜提取物可通过直接促进胰岛素分泌（通过类似磺酰脲类药物作用）降低血糖。

2. 类胰岛素作用

权建新等（1991）从苦瓜果实中提取到类胰岛素，经动物口服后血糖有显著降低，证实了苦瓜的类胰岛素作用。Cummings 等（2004）发现苦瓜汁能通过增加骨骼肌细胞对葡萄糖的摄取来降低血糖，同时刺激骨骼肌细胞摄取氨基酸，这些作用与胰岛素类似。

3. 抑制葡萄糖的肠道吸收

Matsuur 等（2002）发现苦瓜种子的提取物中含有 α-葡萄糖苷酶抑制剂，可竞争性抑制肠道 α-葡萄糖苷酶而抑制肠道吸收葡萄糖。Mahomoodally 等（2004）发现苦瓜能通过抑制小肠刷状缘葡萄糖的转运体系来抑制葡萄糖的吸收。

4. 抗细胞凋亡、促进细胞更新或受损 β 细胞恢复的作用

Ahmed 等（1998）采用免疫组化法研究苦瓜汁对 STZ 诱导的糖尿病小鼠胰腺中的 β 细胞的分布和数量的影响，发现苦瓜汁对 STZ 致糖尿病鼠胰腺中的 β 细胞的更新或部分被破坏的 β 细胞的修复具有一定作用。Sitasawad 等（2000）研究表明苦瓜浆汁可显著降低 STZ 所致的脂质过氧化作用。另外，它还可减少 STZ 诱导的细胞凋亡，提示苦瓜可通过抗细胞凋亡作用保护小鼠胰腺和胰岛细胞。

5. 抗自由基作用

外来化合物在机体内代谢时经常伴有不同程度的氧化应激，氧化应激水平增加被认为是糖尿病或其并发症发生的主要因素。Raza 等（2004）和 Sathishsekar 等（2005）通过实验研究发现，苦瓜可有效地使链脲菌素（STZ）诱导的糖尿病大鼠恢复正常抗氧化功能，使氧化应激损伤趋于正常化，减少糖尿病并发症发生的危险。

6. 对糖尿病并发症的作用

糖尿病患者都不同程度伴随各个脏器不可逆的功能性和器质性改变，这些并发症严重影响患者生存和生活质量，是糖尿病致残致死的主要原因。苦瓜能阻止和延缓糖尿病并发症如肾病、神经病、胃肠道疾病、白内障和胰岛素抵抗等的发生和发展。STZ 糖尿病小鼠的肾功能较正常小鼠明显降低，其血清肌酐值、尿蛋白、尿量、肾重量显著增加，经苦瓜治疗一段时间后肾功能得到不同程度恢复（Grover et al.，2001）。糖尿病是白内障的重要危险因素，四氧嘧啶糖尿病大鼠在 90～100 天时出现白内障，而经苦瓜水提物治疗后，到 120 天时白内障才出现，说明苦瓜能够抑制白内障的发展（Rathi et al.，2002）。

苦瓜种质脂溶性成分分析

第一节　油绿苦瓜种质种子脂溶性成分分析

目前，国内外对苦瓜的研究主要集中在化学成分分析和活性检测方面。李翔等（2013）采用 GC-MS 技术对苦瓜叶片乙醇提取物进行了化学成分分析，分析结果表明苦瓜叶片醇提物中共含有 81 种化学成分，主要为（Z，Z）-9，12-十八碳二烯酸、棕榈酸和百里酚，活性检测结果表明该提取物对小菜蛾幼虫具有较强的抑制作用。张飞等（2011）对苦瓜籽油脂肪酸成分进行了分析，共鉴定出 8 种脂肪酸，主要为硬脂酸、α- 桐酸、β- 桐酸、棕榈酸等。刘小如等（2010）鉴定苦瓜籽油脂脂肪酸组成发现，其饱和脂肪酸主要为硬脂酸，单不饱和脂肪酸主要为油酸，多不饱和脂肪酸主要为 α- 桐酸。郭宁平（2013）分析超临界状态下萃取的苦瓜籽油成分发现，苦瓜籽油多不饱和脂肪酸含量达 79.60%。截至目前，国内外对苦瓜籽的研究多集中在脂肪酸的成分分析方面，而对其他脂溶性成分研究较少。本研究将采用气相色谱 - 质谱（GC-MS）联用技术分析不同油绿苦瓜种子的脂溶性成分，旨在为苦瓜资源的综合开发利用提供理论依据。

一、材料与方法

1. 材料

供试材料 Y41 和 Y63 为中国热带农业科学院热带作物品种资源研究所蔬菜研究室多年来收集的苦瓜种质资源。Y41 是从福建引进资源经多代自交分离出的纯和自交系，纵径 30.0～35.0 cm，横径 6.5～7.5 cm，肉厚 1.1 cm 左右，单果重 500～700 g，棒形，晚熟，微苦，抗枯萎病。Y63 是从广东引进经多代自交分离出的纯和自交系，纵径 22.0～26.0 cm，横径 6.5～7.5 cm，肉厚 1.3 cm 左右，单果重 400～550 g，棒型，中熟，苦味中，中抗枯萎病，耐冷性差（图 2-1）。供试材料于 2016 年 1 月播种于蔬菜研究室八队基地，3—5 月在苦瓜成熟期采收种子，自然晒干。

图 2-1　供试苦瓜材料

2. 方法

（1）脂溶性成分提取。取自然风干苦瓜种子（1 kg）粉碎后用 95％ 乙醇室温浸提 3 次，减压回收乙醇至无醇味，将醇提物分散于水中形成悬浊液，然后经石油醚萃取 3 次，减压浓缩萃取物得到黑色或棕黄色油状提取物备用。

（2）GC-MS 分析。试验采用美国安捷伦公司气相色谱－质谱联用仪（HP6890/5975C GC/MS）对苦瓜种子脂溶性成分进行分析。

色谱柱采用 ZB-5MSI 5％ Phenyl-95％ DiMethylpolysiloxane（30 m×0.25 mm×0.25 μm）弹性石英毛细管柱，柱温起始 45℃，以 10℃ /min 升温至 150℃，再以 5℃ /min 升温至 280℃，汽化室温度 250℃；载气为高纯 He（99.999％）。柱前压 7.63 psi，载气流量为 1.0 mL/min，进样量为 1 μL，分流比 30∶1，溶剂延迟时间：3.0 min。离子源为 EI 源，离子源温度为 230℃，四极杆温度为 150℃，电子能量为 70 eV，发射电流 34.5 μA，倍增器电压 1120 V，接口温度 280℃，

质量范围 20 ～ 550 amu。

3. 数据处理及质谱检索

参照上述条件对苦瓜种子的脂溶性成分进行 GC-MS 分析，对总离子流图中的各峰进行质谱计算机数据系统检索，结合 NIST2005 和 WILEY275 标准质谱图库进行鉴定，确定其脂溶性化学成分，采用峰面积归一化法计算各化学成分的相对含量。

二、结果与分析

1. Y41 种子脂溶性成分及相对含量

Y41 苦瓜材料经气相色谱 - 质谱联用技术进行 GC-MS 分析，得总离子流图，见图 2-2，共鉴定出 14 种化合物，占其脂溶性成分总量的 94.37%，相对含量大于 1% 的有 7 种，相对含量较高的化学成分依次为环阿屯醇（22.661%）、γ - 生育酚（18.388%）、维生素 E（17.763%）、Ela 甾醇（10.009%）、β - 香树素（9.954%）、24 - 亚甲基环木菠萝烷醇（9.629%）、钝叶醇（3.140%）（表 2 -1）。

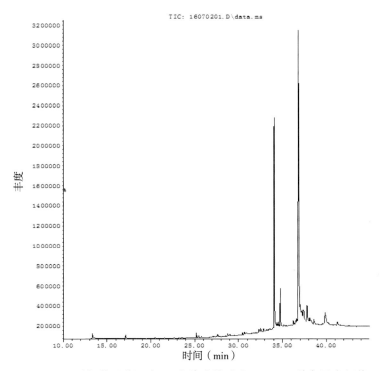

图 2-2　油绿苦瓜种子（Y41）脂溶性成分 GC-MS 总离子流色谱

2.Y63 种子脂溶性成分及相对含量

Y63 苦瓜材料经气相色谱 – 质谱联用技术进行 GC-MS 分析，得总离子流图，见图 2-3，共鉴定出 19 种化合物，占其脂溶性成分总量的 90.25％，相对含量大于 1％的有 11 种，相对含量较高的化学成分依次为 γ- 生育酚（22.240％）、24- 亚甲基环木菠萝烷醇（17.296％）、维生素 E（13.856％）、Ela 甾醇（11.042％）、β- 香树素（9.040％）、环阿屯醇（5.613％）、1- 苯基丁酮（2.358％）、左旋葡聚糖（2.034％）、钝叶醇（1.475％）、维生素 E 乙酸酯（1.357％）、豆甾醇（1.227％）（表 2–1）。

表 2-1　2 种苦瓜材料种子脂溶性化学成分及相对含量

编号	保留时间（min）	化合物	分子式	相对含量 RC（％）	
				Y41	Y63
1	13.09	1- 苯基丁酮	$C_{10}H_{12}O$	–	2.358
2	17.19	2,4- 二叔丁基苯酚	$C_{14}H_{22}O$	0.280	–
3	17.28	左旋葡聚糖	$C_6H_{10}O_5$	–	2.034
4	17.89	橙花叔醇	$C_{15}H_{26}O$	0.579	0.393
5	22.10	苯二甲酸丁酯	$C_{16}H_{22}O_4$	0.337	–
6	23.55	棕榈酸乙酯	$C_{18}H_{36}O_2$	–	0.220
7	25.53	亚油酸乙酯	$C_{20}H_{36}O_2$	0.196	0.198
8	25.86	硬脂酸乙酯	$C_{20}H_{40}O_2$	0.159	0.201
9	27.11	亚麻酸乙酯	$C_{20}H_{34}O_2$	–	0.222
10	27.69	δ- 十八内酯	$C_{18}H_{34}O_2$	0.661	0.453
11	31.80	芥酸酰胺	$C_{22}H_{43}NO$	–	0.224
12	32.11	角鲨烯	$C_{30}H_{50}$	0.611	0.804
13	34.18	γ- 生育酚	$C_{28}H_{48}O_2$	18.388	22.240
14	34.89	维生素 E	$C_{29}H_{50}O_2$	17.763	13.856
15	36.41	豆甾醇	$C_{29}H_{48}O$	–	1.227
16	36.79	钝叶醇	$C_{30}H_{50}O$	3.140	1.475
17	37.05	Ela 甾醇	$C_{29}H_{46}O$	10.009	11.042
18	37.62	β- 香树素	$C_{30}H_{50}O$	9.954	9.040
19	38.04	环阿屯醇	$C_{30}H_{50}O$	22.661	5.613
20	38.33	维生素 E 乙酸酯	$C_{31}H_{52}O_3$	–	1.357
21	38.86	24- 亚甲基环木菠萝烷醇	$C_{31}H_{52}O$	9.629	17.296

说明："–"表示未检测到。

3.不同苦瓜材料种子脂溶性成分比较分析

从 2 份苦瓜种子中分别鉴定出 14 种和 19 种化合物，共有 21 种化合物，结

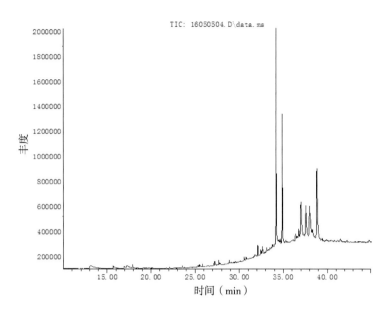

图 2-3　油绿苦瓜种子（Y63）脂溶性成分 GC-MS 总离子流色谱

果见表 2-1。其中 2 种脂溶性化学成分为 Y41 中特有，分别为 2,4- 二叔丁基苯酚（0.280%）和苯二甲酸丁酯（0.337%）。7 种脂溶性化学成分为 Y63 中特有，分别为 1- 苯基丁酮（2.358%）、左旋葡聚糖（2.034%）、棕榈酸乙酯（0.220%）、亚麻酸乙酯（0.222%）、芥酸酰胺（0.224%）、豆甾醇（1.227%）、维生素 E 乙酸酯（1.357%）。2 份苦瓜材料种子中相对含量均较高的脂溶性化学成分为 γ- 生育酚、维生素 E、Ela 甾醇，分别为 18.388% 和 22.240%，17.763% 和 13.856%，10.009% 和 11.042%，且在 2 份苦瓜材料中含量差异明显，其他脂溶性成分的相对含量也存在差异（表 2-1）。

三、讨论

苦瓜籽提取物具有降血糖（Ahmad et al., 2012）、抗菌（Braca et al., 2008）、抑制癌细胞（Grossmann et al., 2009）、抗氧化（Dhar et al., 2006）等生理活性，苦瓜籽的功能价值逐步得到人们的重视（倪悦等，2011；胡蒋宁等，2011）。于长春等（1995）研究发现苦瓜籽油具有明显的降脂作用，这些作用可能是通过改变脂类组成和提高 PPAR γ 1 蛋白质的含量实现的。苦瓜籽油脂肪酸成分分析表明，亚油酸、亚麻酸、桐酸是其主要成分（刘旭庆等，2004；吴丹等，2006）。

Linsen 等（1997）研究发现苦瓜籽在生长过程中可以合成 α-桐酸具有强烈的抗癌活性和降血脂作用。Igarashi 等（2000）研究发现 α-桐酸对癌细胞具有强烈的细胞毒性。Yasui 等（2005）研究发现苦瓜籽油可以诱发癌细胞死亡。本研究采用气相色谱-质谱（GC-MS）联用技术对苦瓜种子脂溶性成分进行分析，分析结果表明 Y41 材料中含有的脂肪酸为亚油酸和硬脂酸，Y63 材料中含有的脂肪酸为棕榈酸、亚油酸、硬脂酸和亚麻酸，在脂溶性成分提取过程中脂肪酸与乙醇发生了酯化反应。在 Y41 和 Y63 苦瓜种子中均未检测到桐酸，可能由于在提取过程中发生了异构反应，另外，这些差别可能与苦瓜的来源地、气候及提取方法等因素有关。

不同苦瓜材料种子中脂溶性化学成分及含量存在一定差异。从 2 份苦瓜种子中共鉴定出 21 种化学成分，其中 12 种成分为 2 份材料共有，部分共有成分含量在不同材料间存在明显差异。本研究鉴定出的 1-苯基丁酮、葡聚糖、角鲨烯、γ-生育酚、维生素 E、环阿屯醇、24-亚甲基环木菠萝烷醇等成分在以往苦瓜籽的研究中未见报道。1-苯基丁酮可用于抑制精神分裂症的阳性症状、躁狂症；葡聚糖能有效调节机体免疫机能、清除自由基、溶解胆固醇、预防高脂血症；角鲨烯具有促进肝细胞再生并保护肝细胞、抗疲劳和增强机体的免疫功能、抗肿瘤等多种功效；γ-生育酚通过抑制肿瘤细胞增殖、促进肿瘤细胞凋亡等方式具有抗癌功效（李辉等，2013）；维生素 E 具有抗氧化保护机体细胞免受自由基的毒害，改善脂质代谢，有效抑制肿瘤生长等功效。环阿屯醇具有清热解毒，消肿排脓等功效。24-亚甲基环木菠萝烷醇具有抗氧化活性（曾佑玲等，2010）。本研究进一步表明苦瓜种子中含有多种具有药理活性的脂溶性成分，为苦瓜种质资源的综合开发利用奠定了基础。

第二节　白色苦瓜种质种子脂溶性成分分析

苦瓜属药食同源植物，主要分布于非洲热带地区（Schaefer et al.，2010）。我国分布 4 种，分别为苦瓜（M. charantia L.）、木鳖（M. cochinchinensis（Lour.）Spreng）、云南木鳖（M. dioica Roxb. ex Willd.）和凹萼木鳖（M. subangulata Blume.），主要分布于中国南部和西南部地区（范戎等，2014）。苦瓜性苦味寒，具有清热解毒、滋养强壮之功效，现代药理研究表明，苦瓜具有降血糖、抗突变、抗肿瘤以及提高人体免疫力等多种功效（Yang et al.，2015；Cao et al.，

2015；Deng et al.，1966）。近年来随着科研人员对苦瓜的研究逐渐深入，苦瓜的化学成分和药用价值越来越被大众所熟知。Sucrow 等（1966）从苦瓜果实中分离出一种甾体皂苷和一种新的豆甾醇皂苷。常凤岗（1995）从苦瓜果实中分离得到 6 种单体化合物，分别为：苦瓜素苷 F1、苦瓜素苷 I、苦瓜素苷 G 和胡萝卜甾醇。肖志艳等（2000）从苦瓜果实的醇提物中分离出 5 种化合物，分别为苦瓜脑苷、大豆脑苷 I、苦瓜亭、尿嘧啶及 β- 谷甾醇，其中苦瓜亭为降糖有效成分。关健等（2007）从苦瓜果实的氯仿萃取物中分离并鉴定了 5 种化合物，分别为苦瓜皂苷元、5，25- 豆甾二烯醇、苦瓜皂苷元、苦瓜苷、β- 谷甾醇。王虎等（2011）采用 60% 的乙醇加热回流提取苦瓜干燥药材，通过硅胶柱色谱分离，得到 β- 谷甾醇和胡萝卜苷。以往研究多集中在从苦瓜果实中分离化合物，而对苦瓜种子脂溶性成分的分析鲜有报道。本研究将采用气相色谱 - 质谱（GC-MS）联用技术对不同白色苦瓜种质种子的脂溶性成分及相对含量进行比较分析，旨在为苦瓜种质资源的开发利用提供理论依据。

一、材料与方法

1. 材料

供试材料 Y88、Y92 和 Y137 为中国热带农业科学院热带作物品种资源研究所蔬菜研究室多年来收集的白色苦瓜种质资源（图 2-4）。Y88 是从福建引进经多代自交分离出的纯合自交系，果实纵径 28～32 cm，横径 7.0～7.8 cm，肉厚 1.1 cm 左右，单果重 500～660 g，短棒形，苦味中等，耐热性强，抗枯萎病。Y92 是从四川引进经多代自交分离出的纯合自交系，果实纵径 35～45 cm，横径 5.0～6.5 cm，肉厚 1.0 cm 左右，单果重 200～300 g，纺锤形，极苦，中

图 2-4 供试苦瓜材料

抗枯萎病，感白粉病。Y137是从越南引进经多代自交分离出的纯合自交系，果实纵径 8 ～ 12 cm，横径 6.5 ～ 8.0 cm，肉厚 1.0 cm左右，单果重 300 ～ 400 g，近球形，苦味中，抗枯萎病，中抗白粉病。供试材料于 2015 年 12 月播种于蔬菜研究室八队基地，2016 年 3—5 月在苦瓜成熟期采收种子，自然晒干。

2. 方法

（1）脂溶性成分提取。取自然风干苦瓜种子（500 g）粉碎后用 95% 乙醇室温浸提 3 次，减压回收乙醇至无醇味，将醇提物分散于水中形成悬浊液，然后经石油醚萃取 3 次，减压浓缩萃取物得到黑色或棕黄色油状提取物备用。

（2）GC-MS 分析。试验采用美国安捷伦公司气相色谱 – 质谱联用仪（HP6890/5975C GC/MS）对苦瓜种子脂溶性成分进行分析。

色谱柱采用 ZB-5 MSI 5% Phenyl–95% DiMethylpolysiloxane（30 m × 0.25 mm × 0.25 μm）弹性石英毛细管柱，柱温起始 45℃，以 10℃/min 升温至 150℃，再以 5℃/min 升温至 280℃，汽化室温度 250℃；载气为高纯 He（99.999%）。柱前压 7.63 psi，载气流量为 1.0 mL/min，进样量为 1 μL，分流比 30：1，溶剂延迟时间：3.0 min。离子源为 EI 源，离子源温度为 230℃，四极杆温度为 150℃，电子能量为 70 eV，发射电流 34.5 μA，倍增器电压 1120 V，接口温度 280℃，质量范围 20 ～ 550 amu。

（3）数据处理及质谱检索。参照上述条件对苦瓜种子的脂溶性成分进行 GC-MS 分析，对总离子流图中的各峰进行质谱计算机数据系统检索，结合 NIST2005 和 WILEY275 标准质谱图库进行鉴定，确定其脂溶性化学成分，采用峰面积归一化法计算各化学成分的相对含量。

二、结果与分析

不同白色苦瓜种子脂溶性成分经气相色谱 – 质谱 – 计算机联用分析，从 Y88、Y92 和 Y137 中分别鉴定出 20 种、23 种、31 种化合物，共有 32 种成分，结果见表 2-2。

表 2-2 不同白色苦瓜种质种子脂溶性成分及含量

序号	保留时间（min）	化合物	分子式	相对含量 RC（%）		
				Y88	Y92	Y137
1	12.33	反，反 -2,4- 壬二烯醛	$C_9H_{14}O$	–	–	0.367
2	13.19	1- 苯基丁酮	$C_{10}H_{12}O$	2.288	7.188	1.001
3	13.34	（–）- 乙酸龙脑酯	$C_{12}H_{20}O_2$	1.655	–	–

（续表）

序号	保留时间（min）	化合物	分子式	相对含量 RC（%）		
				Y88	Y92	Y137
4	16.06	香草醛	C_8H_8O	–	–	0.353
5	17.19	2,4-二叔丁基苯酚	$C_{14}H_{22}O$	0.844	0.495	0.331
6	17.89	橙花叔醇	$C_{15}H_{26}O$	–	–	0.775
7	22.10	苯二甲酸丁酯	$C_{16}H_{22}O_4$	–	0.215	0.801
8	23.29	邻苯二甲酸二异丁酯	$C_{16}H_{22}O_4$	–	–	0.425
9	23.55	棕榈酸乙酯	$C_{18}H_{36}O_2$	–	0.631	0.334
10	23.90	Isopal	$C_{19}H_{38}O_2$	–	–	0.138
11	25.53	亚油酸乙酯	$C_{20}H_{36}O_2$	0.447	0.980	0.370
12	25.58	油酸乙酯	$C_{20}H_{38}O_2$	0.440	0.649	0.244
13	25.86	硬脂酸乙酯	$C_{20}H_{40}O_2$	0.266	0.706	0.600
14	26.18	硬脂酸异丙酯	$C_{21}H_{42}O_2$	–	–	0.079
15	27.11	亚麻酸乙酯	$C_{20}H_{34}O_2$	0.460	0.412	0.544
16	27.69	δ-十八内酯	$C_{18}H_{34}O_2$	1.445	2.123	1.216
17	29.58	邻苯二甲酸异辛酯	$C_{24}H_{38}O_4$	–	0.375	0.422
18	30.91	二十五烷	$C_{25}H_{52}$	–	0.362	0.114
19	31.80	芥酸酰胺	$C_{22}H_{43}NO$	–	0.602	0.395
20	34.18	γ-生育酚	$C_{28}H_{48}O_2$	5.499	4.261	9.716
21	34.68	5,6-环氧-α-托可醌	$C_{29}H_{50}O_4$	1.739	1.322	0.534
22	34.89	维生素 E	$C_{29}H_{50}O_2$	4.82	9.387	10.394
23	36.41	豆甾醇	$C_{29}H_{48}O$	1.398	1.634	0.789
24	36.79	钝叶醇	$C_{30}H_{50}O$	2.953	2.253	3.317
25	37.05	Ela 甾醇	$C_{29}H_{46}O$	20.944	14.461	16.135
26	37.42	β-生育酚	$C_{28}H_{48}O_2$	10.203	7.009	4.549
27	37.62	β-香树素	$C_{30}H_{50}O$	11.925	7.529	14.390
28	38.04	环阿屯醇	$C_{30}H_{50}O$	5.869	–	4.614
29	38.36	维生素 E 乙酸酯	$C_{31}H_{52}O_3$	3.927	7.050	2.762
30	38.86	24-亚甲基环木菠萝烷醇	$C_{31}H_{52}O$	5.607	3.265	12.055
31	41.14	Urs-12-en-28-al	$C_{30}H_{48}O$	–	–	0.827
32	41.53	5,α-豆甾烷-3,6-二酮	$C_{29}H_{48}O_2$	2.200	2.498	0.993

说明："–"表示未检测到。

1. Y88 种子脂溶性成分及含量

Y88 种子脂溶性成分经气相色谱 - 质谱 - 计算机联用分析，总离子流图见图 2-5。共鉴定出 20 种化合物，占脂溶性总量的 84.93%。相对含量较高的化学成分依次为 Ela 甾醇（20.944%）、β–香树素（11.925%）、β–生育酚（10.203%）、环阿屯醇（5.869%）、24–亚甲基环木菠萝烷醇（5.607%）、γ–生育酚（5.499%）、维生素 E（4.820%）、维生素 E 乙酸酯（3.927%）等。

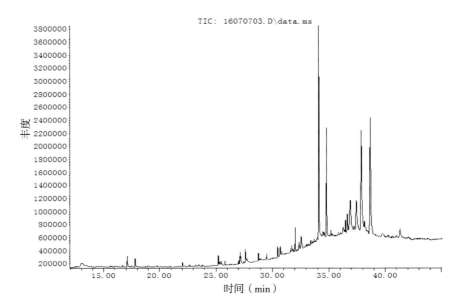

图 2–5　白色苦瓜种子（Y88）脂溶性成分 GC–MS 总离子流色谱

2. Y92 种子脂溶性成分及含量

共鉴定出 23 种化合物，占脂溶性总量的 75.41%。相对含量较高的化学成分依次为 Ela 甾醇（14.461%）、维生素 E（9.387%）、β–香树素（7.529%）、1–苯基丁酮（7.188%）、维生素 E 乙酸酯（7.050%）、β–生育酚（7.009%）、γ–生育酚（4.261%）、24–亚甲基环木菠萝烷醇（3.265%）等。

3. Y137 种子脂溶性成分及含量

共鉴定出 31 种化合物，占脂溶性总量的 89.58%。相对含量较高的化学成分依次为 Ela 甾醇（16.135%）、β–香树素（14.390%）、24–亚甲基环木菠萝烷醇（12.055%）、维生素 E（10.394%）、γ–生育酚（9.716%）、环阿屯醇（4.614%）、β–生育酚（4.549%）、钝叶醇（3.317%）等。

4. 不同白色苦瓜种质种子脂溶性成分比较分析

与 Y92 和 Y137 两种白苦瓜相比，其中，1 种脂溶性化学成分（–）–乙酸龙脑酯（1.655%）为 Y88 中特有，与 Y88 和 Y92 两种白苦瓜相比，其中，7 种脂溶性化学成分反，反 –2,4– 壬二烯醛（0.367%）、香草醛（0.353%）、橙花叔醇（0.775%）、邻苯二甲酸二异丁酯（0.425%）、Isopal（0.138%）、硬脂酸异丙酯（0.079%）、Urs–12–en–28–al（0.827%）为 Y137 中特有。

三、讨论

苦瓜富含多种生物活性物质如糖苷、皂苷、黄酮类、生物碱类、三萜类、蛋白及类固醇等（金灵玲等，2015；Dandawate et al.，2016）。突出的生理活性使其成为近年来人们研究的热点。

本研究以白色苦瓜种质为材料，采用气相色谱 – 质谱（GC–MS）联用技术对其种子脂溶性化学成分及相对含量进行了分析。实验结果显示，不同苦瓜种质间脂溶性化学成分种类及相对含量存在一定差异。3 种白色苦瓜种质种子中所含有的脂溶性化学成分主要为 Ela 甾醇、β– 香树素、β– 生育酚、24– 亚甲基环木菠萝烷醇、γ – 生育酚和维生素 E。其中甾醇、生育酚具有显著的抗癌功效（于瑞祥等，2013），维生素 E 和 24– 亚甲基环木菠萝烷醇均具有较强的抗氧化活性（曾佑玲等，2010）。另外，本研究结果与以往报道存在一定差异，本研究共鉴定出 5 种脂肪酸，分别为棕榈酸、亚油酸、油酸、硬脂酸、亚麻酸，该 5 种脂肪酸在提取过程中与乙醇发生了酯化反应。而张飞等（2011）通过 GC–MS 对苦瓜籽油脂肪酸成分进行分析，结果共鉴定出 8 种脂肪酸，分别为硬脂酸、α– 桐酸、β– 桐酸、棕榈酸、油酸、亚油酸、花生酸和花生一烯酸。这些结果的差异可能是由于苦瓜种质遗传背景不同、栽培措施不同或实验条件等因素造成的。本研究进一步鉴定出了不同白色苦瓜种质间特有的脂溶性成分，可为苦瓜种质资源的评价和创新利用提供参考依据。随着对苦瓜研究的深入，苦瓜各功能成分及作用机制将会被进一步阐明，从而大大推动其在功能食品、保健食品以及药品开发方面的应用。

第三节　大顶苦瓜种质种子脂溶性成分分析

苦瓜为葫芦科苦瓜属攀援性草本植物，广泛分布于热带、亚热带和温带地区，在亚洲、非洲及美洲有着悠久的栽培历史（Schaefer et al.，2010）。苦瓜富含维生素 C、维生素 E、氨基酸及多种矿物质，营养价值很高，另外，苦瓜性苦、味寒，具有清热解毒、降血糖（Tahira et al.，2014）、消炎（Ciou et al.，2014）、抗肿瘤（Cao et al.，2015）以及提高免疫力（Panda et al.，2015）等多种功效，是民间常用中药。近年来，科研人员已从苦瓜中分离纯化出多种化学成分，并对其中一些化合物进行了药理作用研究。李清艳等（2009）从新鲜未成熟的苦瓜中分离得到苦瓜内酯、苦瓜酚苷A。李雯等（2012）从苦瓜叶中分离鉴定出了β-谷甾醇、胡萝卜苷、α-菠甾醇、大豆脑苷Ⅰ、α-香树素乙酸酯。杨振容等（2014）从苦瓜茎叶中分离得到3种苦瓜三萜。以往研究多集中在从苦瓜果实和茎叶中分离化合物，而对苦瓜种子脂溶性成分的分析鲜有报道。本研究将采用气相色谱-质谱（GC-MS）联用技术对不同大顶苦瓜种子的脂溶性成分及相对含量进行比较分析，明确化学成分，这对寻找新的化合物、开发新药及更好地开发利用苦瓜资源都具有重要意义。

一、材料与方法

1. 材料

供试材料Y128、Y129和Y135为中国热带农业科学院热带作物品种资源研究所蔬菜研究室多年来收集的苦瓜种质资源（图2-6）。Y128是从广州收集经多代自交分离出的纯合自交系，果实纵径14.0～18.0 cm，横径10.0～14.0 cm，肉厚1.0 cm左右，单果重450～550 g，短圆锥形，苦味中，中抗枯萎病，耐热性强。Y129是从泰国EAST WEST SEED公司引进经多代自交分离出的纯合自交系，果实纵径10.0～14.0 cm，横径9.5～11.0 cm，肉厚1.0 cm左右，单

图2-6　供试苦瓜材料

果重 350 ～ 450 g，短圆锥形，苦味中，感枯萎病和白粉病。Y135 是从广东省江门市收集经多代自交分离出的纯合自交系，果实纵径 12.0 ～ 16.0 cm，横径 9.0 ～ 12.0 cm，肉厚 1.4 cm 左右，单果重 400 ～ 550 g，短圆锥形，苦味中，中抗枯萎病，耐热性强。供试材料于 2016 年 1 月播种于蔬菜研究室八队基地，3—5 月在苦瓜成熟期采收种子，自然晒干。

2．主要试验试剂

无水乙醇、石油醚均为分析纯：国药集团化学试剂有限公司。

3．主要试验仪器设备

R-300 型旋转蒸发仪：瑞士步琦有限公司；HP6890/5975C 型气相色谱－质谱联用仪：美国安捷伦公司。

4．方法

（1）脂溶性成分提取。取自然风干苦瓜种子（1 kg）粉碎后用无水乙醇室温浸提 3 次，减压回收乙醇至无醇味，将醇提物分散于水中形成悬浊液，然后经石油醚萃取 3 次，减压浓缩萃取物得到黑色或棕黄色油状提取物备用。

（2）GC-MS 分析。试验色谱柱采用 ZB-5MSI 5% Phenyl-95% DiMethylpo-lysiloxane（30 m×0.25 mm ×0.25 μm）弹性石英毛细管柱，柱温起始 45℃，以 10℃/min 升温至 150℃，再以 5℃/min 升温至 280℃，汽化室温度 250℃；载气为高纯 He（99.999%）。柱前压 7.63 psi，载气流量为 1.0 mL/min，进样量为 1 μL，分流比 30∶1，溶剂延迟时间：3.0 min。离子源为 EI 源，离子源温度为 230℃，四极杆温度为 150℃，电子能量为 70 eV，发射电流 34.5 μA，倍增器电压 1120 V，接口温度 280℃，质量范围 20 ～ 550 amu。

（3）数据处理及质谱检索。参照上述条件对苦瓜种子的脂溶性成分进行 GC-MS 分析，对总离子流图中的各峰进行质谱计算机数据系统检索，结合 NIST2005 和 WILEY275 标准质谱图库进行鉴定，确定其脂溶性化学成分，采用峰面积归一化法计算各化学成分的相对含量。

二、结果与分析

不同大顶苦瓜种子脂溶性成分经气相色谱－质谱－计算机联用分析，从 Y128、Y129 和 Y135 中分别鉴定出 22 种、25 种、19 种化合物，共有 31 种成分，结果见表 2-3。

1. Y128 种子脂溶性成分及含量

Y128 种子脂溶性成分经气相色谱—质谱—计算机联用分析，总离子流图见图 2-7。共鉴定出 22 种化合物，占脂溶性总量的 93.39%，与其他 2 种大顶苦瓜相比，1 种脂溶性化学成分二十五烷（0.226%）为 Y128 中特有。相对含量较高的化学成分依次为杜英甾醇（27.336%）、γ- 生育酚（22.566%）、维生素 E（14.142%）、环阿屯醇（8.875%）、β- 香树素（4.529%）、24- 亚甲基环木菠萝烷醇（2.870%）、1- 苯基丁酮（2.688%）、5,α- 豆甾烷 -3,6- 二酮（1.980%）等。

表 2-3　不同大顶苦瓜种子脂溶性成分及含量

序号	保留时间（min）	化合物	分子式	相对含量 RC（%）		
				Y128	Y129	Y135
1	13.20	1- 苯基丁酮	$C_{10}H_{12}O$	2.688	2.776	2.085
2	17.18	2,4- 二叔丁基苯酚	$C_{14}H_{22}O$	0.401	0.186	2.472
3	17.89	橙花叔醇	$C_{15}H_{26}O$	1.038	1.445	1.388
4	19.83	十七烷	$C_{17}H_{36}$	—	—	0.236
5	22.10	苯二甲酸丁酯	$C_{16}H_{22}O_4$	0.299	0.774	—
6	23.28	邻苯二甲酸二异丁酯	$C_{16}H_{22}O_4$	—	0.572	—
7	23.55	棕榈酸乙酯	$C_{18}H_{36}O_2$	0.488	0.216	0.299
8	23.90	异苯丙氨酸	$C_{19}H_{38}O_2$	—	0.081	—
9	25.53	亚油酸乙酯	$C_{20}H_{36}O_2$	0.317	0.469	0.396
10	25.58	油酸乙酯	$C_{20}H_{38}O_2$	0.306	0.152	—
11	25.86	硬脂酸乙酯	$C_{20}H_{40}O_2$	0.567	0.427	0.303
12	27.11	亚麻酸乙酯	$C_{20}H_{34}O_2$	0.558	0.488	0.282
13	27.69	δ- 十八内酯	$C_{18}H_{34}O_2$	1.050	1.252	2.360
14	29.51	辛基油	$C_{24}H_{38}O_4$	—	—	0.387
15	29.58	邻苯二甲酸异辛酯	$C_{24}H_{38}O_4$	0.266	0.350	—
16	30.90	二十五烷	$C_{25}H_{52}$	0.226	—	—
17	31.80	芥酸酰胺	$C_{22}H_{43}NO$	0.590	0.523	—
18	32.04	角鲨烯	$C_{30}H_{50}$	—	—	0.335
19	34.17	γ- 生育酚	$C_{28}H_{48}O_2$	22.566	20.262	18.852
20	34.67	5,6- 环氧 -α- 托可醌	$C_{29}H_{50}O_4$	0.789	0.856	—
21	34.87	维生素 E	$C_{29}H_{50}O_2$	14.142	11.990	8.564
22	36.42	豆甾醇	$C_{29}H_{48}O$	—	0.626	—
23	36.82	钝叶醇	$C_{30}H_{50}O$	1.506	2.115	1.709
24	36.79	25,26- 二氢杜英甾醇	$C_{29}H_{48}O$	—	—	24.387
25	36.96	杜英甾醇	$C_{29}H_{46}O$	27.336	15.971	—
26	37.44	α- 香树精	$C_{30}H_{50}O$	—	—	2.865
27	37.65	β- 香树素	$C_{30}H_{50}O$	4.529	3.393	—
28	38.05	环阿屯醇	$C_{30}H_{50}O$	8.875	5.968	1.889

（续表）

序号	保留时间（min）	化合物	分子式	相对含量 RC（%）		
				Y128	Y129	Y135
29	38.33	维生素 E 乙酸酯	$C_{31}H_{52}O_3$	–	2.664	–
30	38.87	24-亚甲基环木菠萝烷醇	$C_{31}H_{52}O$	2.870	4.028	4.590
31	41.48	5,α-豆甾烷-3,6-二酮	$C_{29}H_{48}O_2$	1.980	2.417	3.114

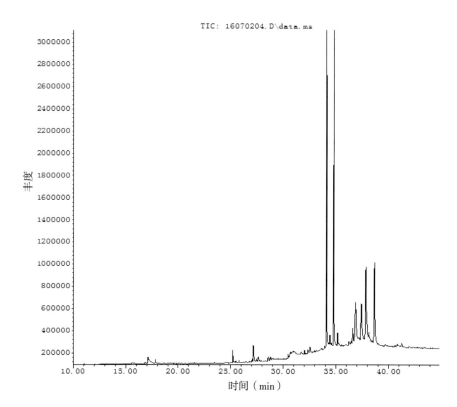

图 2-7 大顶苦瓜种子（Y128）脂溶性成分 GC-MS 总离子流色谱

2. Y129 种子脂溶性成分及含量

共鉴定出 25 种化合物，占脂溶性总量的 80.00%。4 种脂溶性化学成分邻苯二甲酸二异丁酯（0.572%）、异苯丙氨酸（0.081%）、豆甾醇（0.626%）、维生素 E 乙酸酯（2.664%）为 Y129 中特有。相对含量较高的化学成分依次为 γ-生育酚（20.262%）、杜英甾醇（15.971%）、维生素 E（11.990%）、环阿屯醇（5.968%）、24-亚甲基环木菠萝烷醇（4.028%）、β-香树素（3.393%）、1-苯基丁酮（2.776%）维生素 E 乙酸酯（2.664%）等。

3. Y135 种子脂溶性成分及含量

共鉴定出 19 种化合物，占脂溶性总量的 76.51%，与其他 2 种大顶苦瓜相比，5 种脂溶性化学成分十七烷（0.236%）、辛基油（0.387%）、角鲨烯（0.335%）、25,26- 二氢杜英甾醇（24.387%）、α- 香树精（2.865%）Y135 中特有。相对含量较高的化学成分依次为 25,26- 二氢杜英甾醇（24.387%）、γ- 生育酚（18.852%）、维生素 E（8.564%）、24- 亚甲基环木菠萝烷醇（4.590%）、5,α- 豆甾烷 -3,6- 二酮（3.114%）、α- 香树精（2.865%）、2,4- 二叔丁基苯酚（2.472%）、δ- 十八内酯（2.360%）等。

三、讨论

苦瓜在世界多个国家和地区都有入药记载。目前，从苦瓜果实和种子中分离出的多种蛋白质和皂苷，包括 α- 苦瓜素、β- 苦瓜素、苦瓜抑制剂以及核糖体失活蛋白，具有降血糖、抗病毒和抗肿瘤等多种功效（Fang et al., 2011）。另外，苦瓜中含多种有机酸，包括 α- 桐酸、栝楼酸、软脂酸、丁酸、油酸、硬脂酸、棕月酸、肉豆蔻酸、棕榈油酸及人体必需的亚油酸和亚麻酸等（彭爱芝等，1996）。近年来随着对苦瓜的研究逐渐深入，人们更深刻地认识到了苦瓜的化学成分和药用价值（邓向军等，2006）。

大顶苦瓜的显著特点是顶大嘴尖，外表色泽碧绿，脊宽瘤状凸现，瓜形美观，肉厚爽脆，略带甘苦，食后甘凉。本研究以 3 种农艺性状差异显著的大顶苦瓜种质为材料，研究其种子脂溶性化学成分及相对含量差异。3 种大顶苦瓜脂溶性化学成分的种类基本相同，相对含量存在一定程度的差异。3 种大顶苦瓜含量丰富的脂溶性化学成分主要为杜英甾醇、25,26- 二氢杜英甾醇、γ- 生育酚、维生素 E。其中，Y128 和 Y129 苦瓜种质含有的主要化学成分基本一致，与 Y135 存在一定差异，该研究结果表明 Y128 和 Y129 的遗传背景更为相近，而与 Y135 存在较大的遗传差异。甾醇和维生素 E 都具有抗氧化和抑制癌症发生等功效，本研究也进一步证明苦瓜籽含有丰富的抗氧化、抗癌等化学成分，可为从苦瓜中提取活性成分开发药物提供参考。

Linsen 等（1997）研究发现苦瓜籽在生长过程中可以合成 α- 桐酸。大量研究结果表明，α- 桐酸具有强烈的抗癌活性和降血脂作用（Yasui et al., 2005；

Igarashi et al.，2000 ；于长春等，1995 ）。本研究在分析苦瓜种子脂溶性成分种类时并未检测到 α- 桐酸，由于 α- 桐酸在日光、空气等环境条件下不稳定，易受氧化，这可能由于提取工艺条件不同，导致 α- 桐酸在提取过程中发生结构改变。随着化学成分和药理作用研究的不断深入，苦瓜这一天然药用植物将在人类维持健康和防病治病方面发挥其重要作用。

第四节　日本苦瓜种质种子脂溶性成分分析

苦瓜不仅营养价值丰富，而且所含药理活性成分具有抗突变、降血糖、抗肿瘤和提高人体免疫力等多种功效（Stirpe，2004），素有"药用蔬菜"之称（贾林甫等，1998）。苦瓜广泛栽培于亚洲和非洲，在南亚、中国和南美作为传统药用植物用于治疗多种慢性疾病（Mentreddy，2007 ；Pieroni et al.，2007 ；Fang et al.，2011 ；Schaefer et al.，2010）。从苦瓜种子中分离出的 α- 苦瓜素和 MAP30 蛋白属于 I 型核糖体失活蛋白，具有显著的抑制蛋白合成（Lord et al.，1990）、抗病毒（Lee-Huang et al.，1990 ；Wang et al.，2008）和抗肿瘤活性（Yao et al.，2011 ；Bian et al.，2010）。随着大众对苦瓜营养价值和药用价值的逐渐认识，我国苦瓜生产迅速发展，栽培面积逐年扩大，推动了苦瓜研究工作的深入开展，研究者从苦瓜中分离出了多种化合物，并对部分化合物进行了生物活性分析。朱照静（1990）从苦瓜种子中鉴定出了 7 种成分，分别为：对异丙基苯丙烷、L- 薄荷烷、橙花叔醇、十五烷醇、十六烷醇和角鲨烷等。Minami 等（1992）从苦瓜的种子中分离得到两种核糖体失活蛋白，分别为 momordin a 和 b，具有较强的抗癌活性。傅明辉等（2002）从苦瓜籽中分离纯化出 2 种小分子核糖体失活蛋白质，研究结果表明这 2 种核糖体失活蛋白具有一定的抗氧化活性。以往对苦瓜籽的研究多集中在小分子核糖体失活蛋白，而对苦瓜种子脂溶性成分的分析鲜有报道。本研究将采用气相色谱 - 质谱（GC-MS）联用技术对来源于日本的苦瓜种质其种子的脂溶性成分及相对含量进行分析，明确化学成分，旨在加强对苦瓜的深入研究和进一步开发利用。

一、材料与方法

1. 材料

供试材料 Y105、Y112、Y115 和 Y116 为中国热带农业科学院热带作物品种资源研究所蔬菜研究室多年来收集的苦瓜种质资源（图 2-8）。Y105 是从日本引进经多代自交分离出的纯合自交系，果实纵径 35.0～40.0 cm，横径 6.5～7.5cm，肉厚 1.4 cm 左右，单果重 500～600 g，长棒形，极苦，中抗枯萎病。Y112 是从日本引进经多代自交分离出的纯合自交系，果实纵径 24.0～27.0 cm，横径 8.5～10.0 cm，肉厚 1.8 cm 左右，单果重 650～750 g，短纺锤形，极苦，抗枯萎病。Y115 是从日本引进经多代自交分离出的纯合自交系，果实纵径 35.0～40.0 cm，横径 7.5～8.5 cm，肉厚 1.6 cm 左右，单果重 650～750 g，长棒型极苦，中抗枯萎病和白粉病。Y116 是从日本引进经多代自交分离出的纯合自交系，果实纵径 32.0～36.0 cm，横径 7.0～8.0 cm，肉厚 1.4 cm 左右，单果重 500～650 g，纺锤形，极苦，中抗枯萎病，耐热性强。供试材料于 2016 年 1 月播种于蔬菜研究室八队基地，3—5 月在苦瓜成熟期采收种子，自然晒干。

图 2-8　供试苦瓜材料

2. 方法

（1）脂溶性成分提取。取自然风干苦瓜种子（1.5 kg）粉碎后用 95% 乙醇室温浸提 3 次，减压回收乙醇至无醇味，将醇提物分散于水中形成悬浊液，然后经石油醚萃取 3 次，减压浓缩萃取物得到黑色或棕黄色油状提取物备用。

（2）GC-MS 分析。试验采用美国安捷伦公司气相色谱 - 质谱联用仪（HP6890/5975C GC/MS）对苦瓜种子脂溶性成分进行分析。

色谱柱采用 ZB-5MSI 5% Phenyl-95% DiMethylpolysiloxane（30 m × 0.25 mm × 0.25 μm）弹性石英毛细管柱，柱温起始 45℃，以 10℃/min 升温至 150℃，再以 5℃/min 升温至 280℃，汽化室温度 250℃；载气为高纯 He（99.999%）。柱前压 7.63 psi，载气流量为 1.0 mL/min，进样量为 1 μL，分流比 30∶1，溶剂延迟时间：3.0 min。离子源为 EI 源，离子源温度为 230℃，四极杆温度为 150℃，电子能量为 70 eV，发射电流 34.5 μA，倍增器电压 1120 V，接口温度 280℃，质量范围 20 ～ 550 amu。

（3）数据处理及质谱检索。参照上述条件对苦瓜种子的脂溶性成分进行 GC-MS 分析，对总离子流图中的各峰进行质谱计算机数据系统检索，结合 NIST2005 和 WILEY275 标准质谱图库进行鉴定，确定其脂溶性化学成分，采用峰面积归一化法计算各化学成分的相对含量。

二、结果与分析

不同日本苦瓜种质其种子脂溶性成分经气相色谱 - 质谱 - 计算机联用分析，从 Y105、Y112、Y115 和 Y116 中分别鉴定出 23 种、16 种、19 种、20 种化合物，共有 33 种成分，结果见表 2-4。

表 2-4　日本苦瓜种质种子脂溶性成分及含量

序号	保留时间（min）	化合物	分子式	相对含量 RC（%）			
				Y105	Y112	Y115	Y116
1	13.13	1- 苯基丁酮	$C_{10}H_{12}O$	0.793	–	5.405	6.488
2	13.35	（-）- 乙酸龙脑酯	$C_{12}H_{20}O_2$	–	1.201	–	–
3	15.38	2，5- 二甲基十四烷	$C_{16}H_{34}$	0.543	–	–	–
4	16.15	十六烷	$C_{16}H_{34}$	0.406	–	–	–
5	16.69	2- 甲基十六烷	$C_{17}H_{36}$	1.261	–	–	–
6	17.12	2,4- 二叔丁基苯酚	$C_{14}H_{22}O$	1.957	13.841	–	1.589
7	17.83	橙花叔醇	$C_{15}H_{26}O$	–	–	–	0.567
8	19.83	十七烷	$C_{17}H_{36}$	0.857	–	–	–
9	22.03	苯二甲酸丁酯	$C_{16}H_{22}O_4$	0.445	–	0.505	–
10	22.74	7，9- 二叔丁基 -1- 氧杂螺 [4，5] 癸烷 -6，9- 二烯 -2，8- 二酮	$C_{17}H_{24}O_3$	1.093	–	–	0.388
11	23.48	棕榈酸乙酯	$C_{18}H_{36}O_2$	0.443	–	0.302	0.395
12	25.46	亚油酸乙酯	$C_{20}H_{36}O_2$	0.260	–	0.622	0.394
13	25.53	油酸乙酯	$C_{20}H_{38}O_2$	0.698	–	–	–

（续表）

序号	保留时间（min）	化合物	分子式	相对含量 RC（%）			
				Y105	Y112	Y115	Y116
14	25.79	硬脂酸乙酯	$C_{20}H_{40}O_2$	0.817	–	1.077	0.771
15	27.03	亚麻酸乙酯	$C_{20}H_{34}O_2$	–	–	0.977	0.801
16	27.62	δ-十八内酯	$C_{18}H_{34}O_2$	4.755	1.556	2.393	2.692
17	29.51	辛基油	$C_{24}H_{38}O_4$	1.048	–	0.738	0.604
18	31.83	芥酸酰胺	$C_{22}H_{43}NO$	–	0.576	1.001	0.647
19	34.11	γ-生育酚	$C_{28}H_{48}O_2$	1.829	1.141	5.867	6.054
20	34.56	5,6-环氧-α-托可醌	$C_{29}H_{50}O_4$		1.335		
21	34.78	维生素E	$C_{29}H_{50}O_2$	3.400	1.766	3.742	7.566
22	36.22	豆甾醇	$C_{29}H_{48}O$		4.317		
23	36.25	β-豆甾醇	$C_{29}H_{48}O$	3.014	–	1.829	2.417
24	36.62	钝叶醇	$C_{30}H_{50}O$	1.145	3.352	2.851	2.471
25	36.84	Ela甾醇	$C_{29}H_{46}O$	–	21.669		
26	36.89	25,26-二氢Ela甾醇	$C_{29}H_{48}O$			11.944	11.112
27	37.27	β-生育酚	$C_{28}H_{48}O_2$	4.145	2.821	2.739	9.894
28	37.38	β-香树素	$C_{30}H_{50}O$		8.911		
29	37.43	α-香树精	$C_{30}H_{50}O$	4.345		5.742	4.383
30	37.87	环阿屯醇	$C_{30}H_{50}O$	2.099	2.119	2.123	1.955
31	38.16	维生素E乙酸酯	$C_{31}H_{52}O_3$	3.484	2.950	–	–
32	38.65	24-亚甲基环木菠萝烷醇	$C_{31}H_{52}O$	5.357	7.490	5.631	4.689
33	41.29	5,α-豆甾烷-3,6-二酮	$C_{29}H_{48}O_2$	–	4.938	1.857	–

说明："–"表示未检测到。

1.Y105种子脂溶性成分及含量

Y105种子脂溶性成分经气相色谱-质谱-计算机联用分析，总离子流图见图2-9。共鉴定出23种化合物，占脂溶性总量的44.19%，与其他3种日本来源的苦瓜相比，5种脂溶性化学成分2,5-二甲基十四烷（0.543%）、十六烷（0.406%）、2-甲基十六烷（1.261%）、十七烷（0.857%）、油酸乙酯（0.698%）为Y105中特有。相对含量较高的化学成分依次为24-亚甲基环木菠萝烷醇（5.357%）、δ-十八内酯（4.755%）、α-香树精（4.345%）、β-生育酚（4.145%）、维生素E乙酸酯（3.484%）、维生素E（3.400%）、β-豆甾醇（3.014%）、环阿屯醇（2.099%）等。

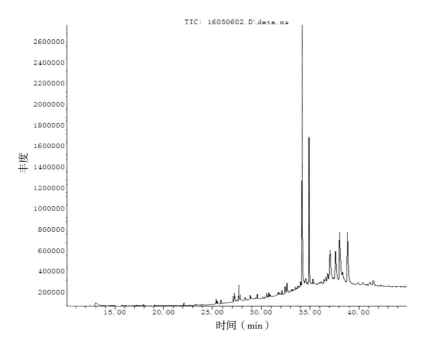

图 2-9　苦瓜种子（Y105）脂溶性成分 GC-MS 总离子流色谱

2. Y112 种子脂溶性成分及含量

共鉴定出 16 种化合物，占脂溶性总量的 79.98%。5 种脂溶性化学成分（-）- 乙酸龙脑酯（1.201%）、5,6- 环氧 -α- 托可醌（1.335%）、豆甾醇（4.317%）、Ela 甾醇（21.669%）、β- 香树素（8.911%）为 Y112 中特有。相对含量较高的化学成分依次为 Ela 甾醇（21.669%）、2,4- 二叔丁基苯酚（13.841%）、β- 香树素（8.911%）、24- 亚甲基环木菠萝烷醇（7.490%）、5，α- 豆甾烷 -3，6- 二酮（4.938%）、豆甾醇（4.317%）、钝叶醇（3.352%）、维生素 E 乙酸酯（2.950%）等。

3. Y115 种子脂溶性成分及含量

共鉴定出 19 种化合物，占脂溶性总量的 57.35%，相对含量较高的化学成分依次为 25,26- 二氢 Ela 甾醇（11.944%）、γ - 生育酚（5.867%）、α - 香树精（5.742%）、24- 亚甲基环木菠萝烷醇（5.631%）、1- 苯基丁酮（5.405%）、维生素 E（3.742%）、钝叶醇（2.851%）β - 生育酚（2.739%）等。

4. Y116 种子脂溶性成分及含量

共鉴定出 20 种化合物，占脂溶性总量的 65.88%，1 种脂溶性化学成分橙花叔醇（0.567%）为 Y116 中特有。相对含量较高的化学成分依次为 25,26- 二氢 ela 甾醇（11.112%）、β- 生育酚（9.894%）、维生素 E（7.566%）、1- 苯基丁酮（6.488%）、γ- 生育酚（6.054%）、24- 亚甲基环木菠萝烷醇（4.689%）、α- 香树精（4.383%）、δ- 十八内酯（2.692%）。

三、讨论

相关研究指出，使用天然产物和合理膳食可以降低恶性肿瘤的发生风险。目前已报道的具有抗癌作用的天然活性物质包括谷物、蔬菜、水果、真菌、茶、咖啡、香料以及部分传统中药材提取物，从传统中药和植物资源中寻找新的药物是一个重要的发展方向。长期以来，苦瓜在印度、中国和斯里兰卡等国家传统医学中一直被用于治疗多种疾病，属药食两用蔬菜（汤琴等，2014）。苦瓜资源丰富，药理作用显著，随着苦瓜在增强免疫力、抗肿瘤、抗病毒、降血糖等方面的药理作用逐渐被揭示，苦瓜越来越引起人们的关注。自 20 世纪中叶以来研究者对其化学成分进行了相关研究，截至目前已从苦瓜中分离出甾醇类、苷类、黄酮类、多肽、生物碱类、有机酸、小分子蛋白质、脂类、微量元素等多种化学成分，其中三萜类、甾醇类和肽类等具有明显的降血糖、抗肿瘤活性（向亚林等，2005）。

本研究以来源于日本的 4 份苦瓜种质资源为材料，利用 GC-MS 技术分析苦瓜种子脂溶性化学成分和相对含量，分析结果表明，4 份苦瓜种质种子中含有的主要化学成分为 25,26- 二氢 Ela 甾醇、Ela 甾醇、β- 生育酚、γ- 生育酚、24- 亚甲基环木菠萝烷醇。这些主要成分具有抗氧化、抗肿瘤的显著特性，本研究结果可为苦瓜籽的开发利用提供参考。4 份资源比较分析结果表明，Y105 和 Y112 含有的特有化学成分较多，证明 Y105、Y112 与 Y115、Y116 的遗传差异较大，另外 4 份资源含有的化学成分的相对含量也存在显著差异。本研究与以往研究也存在异同，朱照静（1990）从苦瓜种子中鉴定出了 7 种成分，其中 2 种成分与本研究结果一致，研究结果的差异可能与选择材料的不同和实验条件的不同有关。本研究系统分析了不同苦瓜种质间种子脂溶性成分和相对含量的差异，这对开发利用苦瓜种质资源具有重要意义。

第五节 不同来源苦瓜种质种子脂溶性成分分析

苦瓜（*Momordica charantia* L.）又名锦荔枝、凉瓜，为葫芦科一年生植物，始载于《滇南本草》，《本草纲目》曰："苦寒无毒，去邪热，解劳乏，清心明目"。苦瓜性苦寒，具有清热解毒和滋养强壮等多种功效，广泛分布于热带、亚热带和温带地区，在许多国家和地区都有入药记载（Fang et al., 2011）。近年来随着苦瓜的研究逐渐深入，人们更深刻地认识到了苦瓜的化学成分和药用价值（彭爱芝等，1996）。苦瓜种子和果实具有很强的生理活性，具有明显的降血糖（Yang et al., 2015）和抗肿瘤（Zhang et al., 2015）等药理作用。从苦瓜中已分离得到的化学成分包括三萜、甾类、生物碱、蛋白、有机酸及多糖类等（邓向军等，2006）。Yasuda 等（1984）从苦瓜茎叶中分离得到 momordicine Ⅰ、momordicine Ⅱ、momordicine Ⅲ。潘辉等（2007）从苦瓜的果实中分离、鉴定出了 5 个化合物，分别为：日耳曼醇乙酸酯、苦瓜皂苷元Ⅰ、苦瓜皂苷元 L、苦瓜苷、β－谷甾醇。成兰英等（2008）从苦瓜茎叶中分离得到 26, 27－ 二羟基羊毛甾 -7, 9(11), 24－ 三烯 -3, 16－ 二酮、羊毛甾 -9(11)－ 烯 -3 α, 24S, 25－ 三醇、(24R)－ 环菠萝蜜烷甾 -3 α, 24R, 25－ 三醇、苦瓜皂苷Ⅰ、β－谷甾醇。王虎等（2011）从苦瓜果实中分离并鉴定了 6 种化合物，分别为苦瓜二醇 A、大豆脑苷Ⅰ、柚皮苷、(3 β, 20R, 23R)-3-{O-6－ 脱氧 -α-L- 吡喃甘露糖基 -(1-2)-O-［β-D- 吡喃木糖基 -(1-3)］-6-O- 乙酰基 -β-D- 吡喃葡萄糖氧基 }-20, 23－ 二羟基 -24－ 达玛烯 -21－ 酸 -21, 23－ 内酯、β－谷甾醇和胡萝卜苷。杨振容等（2013）从苦瓜茎叶中分离得到 1 种倍半萜和 2 种葫芦烷三萜。截至目前，有关苦瓜种子脂溶性成分的分析研究鲜有报道。本研究将采用气相色谱 - 质谱联用技术对来源于不同国家的苦瓜种质种子的脂溶性成分及相对含量进行分析，旨在为苦瓜种质资源的进一步开发和利用提供一定的理论基础。

一、材料与方法

1. 材料

供试材料巴布亚、Y7 和 Y108 为中国热带农业科学院热带作物品种资源研究所蔬菜研究室多年来收集的苦瓜种质资源（图 2-10）。巴布亚是从巴布亚新几内亚独立国引进的野生苦瓜资源，果实纵径 4.0 ～ 8.0 cm，横径 4.0 ～ 7.0 cm，肉厚 0.6 cm 左右，单果重 20 ～ 50 g，近球形，极苦，高抗枯萎病，耐热性强。Y7 是从中国广州引进经多代自交分离出的纯合自交系，果实纵径 28.0 ～ 35.0 cm，横径 6.5 ～ 7.5 cm，肉厚 1.2 cm 左右，单果重 350 ～ 450 g，短圆锥形，苦味中等，中抗枯萎病，耐热性强。Y108 是从马来西亚引进经多代自交分离出的纯合自交系，果实纵径 25.0 ～ 28.0 cm，横径 7.0 ～ 8.5 cm，肉厚 1.5 cm 左右，单果重 350 ～ 450 g，短纺锤形，极苦，易感白粉病。供试材料于 2016 年 1 月播种于蔬菜研究室八队基地，3—5 月在苦瓜成熟期采收种子，自然晒干。

图 2-10　供试苦瓜材料

2. 方法

（1）脂溶性成分提取。取自然风干苦瓜种子（500 g）粉碎后用 95% 乙醇室温浸提 3 次，减压回收乙醇至无醇味，将醇提物分散于水中形成悬浊液，然后经石油醚萃取 3 次，减压浓缩萃取物得到黑色或棕黄色油状提取物备用。

（2）GC-MS 分析。试验采用美国安捷伦公司气相色谱 - 质谱联用仪（HP6890/5975C GC/MS）对苦瓜种子脂溶性成分进行分析。

色谱柱采用 ZB-5MSI 5% Phenyl-95% DiMethylpolysiloxane（30 m × 0.25 mm × 0.25 μm）弹性石英毛细管柱，柱温起始 45℃，以 10℃ /min 升温至 150℃，再以 5℃ /min 升温至 280℃，汽化室温度 250℃；载气为高纯 He（99.999%）。柱前压 7.63 psi，载气流量为 1.0mL/min，进样量为 1 μL，分流比 30∶1，溶剂延迟时间：3.0 min。离子源为 EI 源，离子源温度为 230℃，四极杆温度为 150℃，电子能量为 70 eV，发射电流 34.5 μA，倍增器电压 1120 V，接口温度 280℃，质量范围 20 ～ 550 amu。

（3）数据处理及质谱检索。参照上述条件对苦瓜种子的脂溶性成分进行 GC-MS 分析，对总离子流图中的各峰进行质谱计算机数据系统检索，结合 NIST2005 和 WILEY275 标准质谱图库进行鉴定，确定其脂溶性化学成分，采用峰面积归一化法计算各化学成分的相对含量。

二、结果与分析

不同来源地苦瓜种子脂溶性成分经气相色谱—质谱—计算机联用分析，从巴布亚、Y7 和 Y108 中分别鉴定出 22 种、18 种、18 种化合物，共有 28 种成分，结果见表 2-5。

表 2-5　不同来源苦瓜种子脂溶性成分及含量

序号	保留时间（min）	化合物	分子式	相对含量 RC（%）		
				巴布亚	Y7	Y108
1	13.02	1-苯基丁酮	$C_{10}H_{12}O$	2.902	–	–
2	13.34	（-）-乙酸龙脑酯	$C_{12}H_{20}O_2$	–	–	0.693
3	17.19	2,4-二叔丁基苯酚	$C_{14}H_{22}O$	0.154	0.494	0.691
4	17.88	橙花叔醇	$C_{15}H_{26}O$	0.131	0.182	–
5	22.10	苯二甲酸丁酯	$C_{16}H_{22}O_4$	0.391		
6	23.28	邻苯二甲酸二异丁酯	$C_{16}H_{22}O_4$	0.256		
7	23.54	棕榈酸乙酯	$C_{18}H_{36}O_2$	0.176		
8	25.53	亚油酸乙酯	$C_{20}H_{36}O_2$	0.559	0.164	0.150
9	25.58	油酸乙酯	$C_{20}H_{38}O_2$	0.174		
10	25.86	硬脂酸乙酯	$C_{20}H_{40}O_2$	0.511	0.216	0.097
11	27.10	亚麻酸乙酯	$C_{20}H_{34}O_2$	0.470	0.779	0.087
12	27.68	δ-十八内酯	$C_{18}H_{34}O_2$	1.776	0.755	0.395
13	29.58	邻苯二甲酸异辛酯	$C_{24}H_{38}O_4$	0.233	–	–
14	30.90	二十五烷	$C_{25}H_{52}$	0.228	–	–
15	31.78	芥酸酰胺	$C_{22}H_{43}NO$	0.561	0.374	–
16	34.17	γ-生育酚	$C_{28}H_{48}O_2$	8.885	20.090	20.314
17	34.67	5,6-环氧-α-托可醌	$C_{29}H_{50}O_4$	1.016	0.371	0.404
18	34.87	维生素 E	$C_{29}H_{50}O_2$	6.467	20.049	3.639
19	36.24	豆甾醇	$C_{29}H_{48}O$	–	1.006	0.593
20	36.60	钝叶醇	$C_{30}H_{50}O$	–	2.101	51.433
21	36.95	Ela 甾醇	$C_{29}H_{46}O$	0.53	8.643	2.787
22	37.41	β-生育酚	$C_{28}H_{48}O_2$	5.887	8.316	3.055

（续表）

序号	保留时间（min）	化合物	分子式	相对含量 RC（%）		
				巴布亚	Y7	Y108
23	37.59	β-香树素	$C_{30}H_{50}O$	1.943	–	–
24	37.83	环阿屯醇	$C_{30}H_{50}O$	–	15.003	2.713
25	38.32	维生素 E 乙酸酯	$C_{31}H_{52}O_3$	4.092	1.489	0.337
26	38.85	24-亚甲基环木菠萝烷醇	$C_{31}H_{52}$	1.290	8.826	0.927
27	39.87	Urs-12-en-28-al	$C_{30}H_{48}O$	–	–	2.934
28	41.27	5,α-豆甾烷-3,6-二酮	$C_{29}H_{48}O_2$	–	1.337	1.284

说明："–"表示未检测到。

1. 巴布亚种子脂溶性成分及含量

巴布亚种子脂溶性成分经气相色谱—质谱—计算机联用分析，总离子流图见图 2-11。共鉴定出 22 种化合物，占脂溶性总量的 38.63%，与其他 2 种不同来源的苦瓜相比，8 种脂溶性化学成分 1-苯基丁酮（2.902%）、苯二甲酸丁酯（0.391%）、邻苯二甲酸二异丁酯（0.256%）、棕榈酸乙酯（0.176%）、油酸乙酯（0.174%）、邻苯二甲酸异辛酯（0.233%）、二十五烷（0.228%）、β-

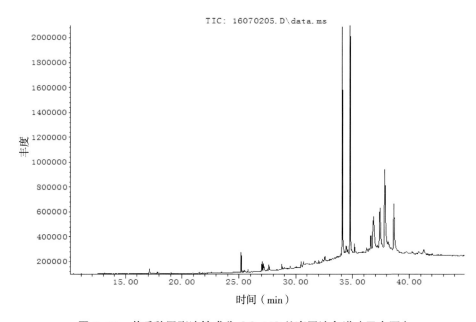

图 2-11 苦瓜种子脂溶性成分 GC-MS 总离子流色谱（巴布亚）

香树素（1.943%）为巴布亚中特有。相对含量较高的化学成分依次为 γ - 生育酚（8.885%）、维生素 E（6.467%）、β - 生育酚（5.887%）、维生素 E 乙酸酯（4.092%）、1 - 苯基丁酮（2.902%）、β - 香树素（1.943%）、δ - 十八内酯（1.776%）、24 - 亚甲基环木菠萝烷醇（1.290%）等。

2. Y7 种子脂溶性成分及含量

共鉴定出 18 种化合物，占脂溶性总量的 90.20%。相对含量较高的化学成分依次为 γ - 生育酚（20.090%）、维生素 E（20.049%）、环阿屯醇（15.003%）、24 - 亚甲基环木菠萝烷醇（8.826%）、Ela 甾醇（8.643%）、β - 生育酚（8.316%）、钝叶醇（2.101%）、维生素 E 乙酸酯（1.489%）等。

3. Y108 种子脂溶性成分及含量

共鉴定出 18 种化合物，占脂溶性总量的 92.53%，与其他 2 种不同来源的苦瓜相比，2 种脂溶性化学成分（-）- 乙酸龙脑酯（0.693%）、Urs-12-en-28-al（2.934%）为 Y108 中特有。相对含量较高的化学成分依次为钝叶醇（51.433%）、γ - 生育酚（20.314%）、维生素 E（3.639%）、β - 生育酚（3.055%）、Urs-12-en-28-al（2.934%）、Ela 甾醇（2.787%）、环阿屯醇（2.713%）、24 - 亚甲基环木菠萝烷醇（0.927%）等。

三、讨论

苦瓜药食兼用，具有多种保健功能，应用前景广阔，国内外对苦瓜研究的深度和广度迅速发展。大量研究表明苦瓜籽中含有的小分子蛋白具有调节血糖、抑制癌细胞和抗氧化等多种生理功效（Mentreddy，2007；Huang et al.，1999）。

为了进一步明确苦瓜种子中含有的化学成分和相对含量，本研究以来源于 3 个不同国家的苦瓜种质为材料，采用 GC-MS 技术分析种子脂溶性化学成分及相对含量差异。分析结果表明，不同来源的苦瓜种质种子脂溶性化学成分种类和相对含量存在一定程度的差异。3 种苦瓜种质含量均较高的成分为 γ - 生育酚、维生素 E、β - 生育酚。这 3 种成分具有显著的抗氧化和抑制肿瘤的功效，本研究进一步证明苦瓜籽中的抗病毒和抗肿瘤成分不止小分子蛋白一类。本研究进一步明确了不同苦瓜种质资源所具有的特有化学成分，其中来源于巴布亚新几内亚的苦瓜种质含有的特有化学成分达 8 种之多，可为苦瓜资源的进一步开发利用提供依据。

本研究采用醇提法分析苦瓜籽脂溶性成分，苦瓜籽中含有的脂肪酸可与乙醇发生酯化反应，从分析结果表明所分析的 3 份苦瓜种质中含有 5 种脂肪酸，分别为棕榈酸、亚油酸、油酸、硬脂酸和亚麻酸。刘小如等（2010）利用气相色谱 - 质谱联用法鉴定苦瓜籽油脂肪酸的组成，结果发现其饱和脂肪酸主要为硬脂酸，单不饱和脂肪酸主要为油酸，多不饱和脂肪酸主要为 α- 桐酸。另外，有关研究表明，苦瓜籽含有大量十八碳多烯酸，其中亚油酸、亚麻酸、桐酸（刘旭庆等，2004；吴丹等，2006；张飞等，2011）是其主要成分。本研究与以往研究相比，鉴定出的脂肪酸种类存在一定差异，这可能与试验选择的材料和试验方法有关。本研究进一步明确了苦瓜种子中含有的脂溶性化学成分，对进一步挖掘其药用价值和食用价值具有重要的理论指导意义。

第六节　苦瓜种质微量元素含量及脂溶性成分比较分析

微量元素是指人体内含量小于体重 0.01 % 的元素（侯振江等，2004），人体健康与微量元素密切相关（夏敏 2003）。世界卫生组织确认了维持人体健康所必需的 14 种微量元素（何培之等，2001）。微量元素营养失衡严重影响人类的健康，给社会医疗体系和个人带来沉重负担。铁、铜、锰、锌是构成金属酶的必需成分，属于人体必需微量元素，对于人体健康具有十分重要的作用。铁元素主要参与血红蛋白及细胞色素氧化酶的合成（卢薇等，1999）。锌是许多酶的组成成分，与酶的活性密切有关（廖自基，1992）。另外，各微量元素间存在相互影响、拮抗或协同作用。铁、锰和铜协同生血效果，锌能拮抗镉的毒性，铜能拮抗钼的毒性，锰能促进铜的利用（陈有旭等，1994）。

苦瓜广泛分布于非洲、亚洲和美洲（Fang et al.，2011），富含多种营养成分。另外，苦瓜所含的生物活性成分具有显著的抗病毒感染、抗肿瘤细胞增殖（Fan et al.，2015；Cao et al.，2015；Zhang et al.，2015）、抑制炎症因子（Ciou et al.，2014；Liaw et al.，2015）、降低血糖水平（Yang et al.，2015）和增强体质（Panda et al.，2015）等多种功效。随着消费者对苦瓜营养价值和药用价值的充分认识，我国苦瓜生产迅速发展，推动了苦瓜研究工作的深入开展。

选育富集微量元素的作物品种被认为是克服微量元素营养失衡问题的最为经济和有效的方案（孙明茂等，2006）。本研究旨在了解不同苦瓜种质铁、铜、锰、锌等微量元素和脂溶性成分含量的差异，为苦瓜有效成分的开发利用和功能性品种选育提供科学依据。

一、材料与方法

1. 材料

供试材料热科 1 号、9-18、4-17、21-1、13-22、15-1 和 16-7 为中国热带农业科学院热带作物品种资源研究所蔬菜研究室多年来收集的苦瓜种质资源。热科 1 号是采用自交系 Y54 和 Y7 配制的杂交组合，果色油绿，微苦，抗枯萎病，中感白粉病。9-18 是从广东引进经多代自交分离出的纯合自交系，果色深绿，苦味中，中抗枯萎病。4-17 是从斯里兰卡引进经多代自交分离出的纯合自交系，果色深绿，苦味中，高抗枯萎病和白粉病。21-1 是从广西壮族自治区（全书简称广西）引进经多代自交分离出的纯合自交系，果色浅绿，微苦，中抗白粉病。13-22 是从湖南引进经多代自交分离出的纯合自交系，果色白绿，微苦，中感白粉病。15-1 是从云南引进经多代自交分离出的纯合自交系，果色浅绿，极苦，感枯萎病，中感白粉病。16-7 是从福建引进经多代自交分离出的纯合自交系，果色白色，极苦，感枯萎病和白粉病。供试材料于 2016 年 10 月播种于蔬菜研究室八队基地，随机区组设计，每份材料种植 10 株，3 次重复，按照常规措施管理。11—12 月在苦瓜盛果期采摘均匀一致的苦瓜果实，每重复采摘 2 条瓜，分别于 150℃烘箱杀青 30 min，然后调至 70℃直至烘干。烘干的苦瓜果肉分别用粉碎机打成粉末备用。另外采收种子，自然晒干，以供进行脂溶性成分和含量分析。

2. 方法

（1）微量元素待测液制备及含量测定。分别称取苦瓜果肉粉末 0.20~0.30 g，放入消化管中，先加入 5 mL 浓硫酸，然后再加入 3 mL 超纯水和 5 滴双氧水，放入微波仪微波消煮 90 min，消煮结束后用超纯水定容至 25 mL 作为待测液备用。使用 AA-6300 原子吸收分光光度计测定 Fe、Mn、Cu 和 Zn 元素含量。

元素含量（mg/100g）$= c \times 25 \times s \times 100 / (w \times 10^{3})$

式中，c 为 AA-6300 原子吸收分光光度计所测得浓度（mg/kg），w 为苦瓜干粉样重（g），s 为待测液稀释倍数。

（2）苦瓜种子脂溶性成分提取。取自然风干苦瓜种子（400 g）粉碎后用 95% 乙醇室温浸提 3 次，减压回收乙醇至无醇味，将乙醇提取物分散于水中形成悬浊液，用石油醚萃取 3 次，减压浓缩萃取物得到黑色或棕黄色油状物备用。

（3）苦瓜种子脂溶性成分分析。苦瓜种子脂溶性成分采用美国安捷伦公司气相色谱 – 质谱联用仪（HP6890/5975C GC/MS）进行分析。结合 NIST2005 和 WILEY275 标准质谱图库，对总离子流图中的各峰进行质谱计算机数据系统检索，鉴定其脂溶性化学成分，各化学成分的相对含量采用峰面积归一化法进行计算。

二、结果与分析

1. Fe 和 Cu 元素含量分析

共分析 7 份苦瓜种质 Fe 元素含量，其中热科 1 号 Fe 元素含量最高，为（2.895 ± 0.768）mg/100g，15–1 Fe 元素含量最低，为（1.672 ± 0.053）mg/100g，热科 1 号 Fe 元素含量与 4–17、13–22、9–18、15–1 间存在显著性差异，21–1 Fe 元素含量与 15–1 间存在显著性差异，其中热科 1 号 Fe 元素含量极显著高于 13–22、9–18、15–1，分别高出 60.03%、66.09% 和 73.15%。

Cu 元素含量分析结果表明，15–1 Cu 元素含量最高，为（0.114 ± 0.002）mg/100g，4–17 Cu 元素含量最低，为（0.082 ± 0.011）mg/100g，15–1 Cu 元素含量与 9–18、13–22、21–1、4–17 存在显著性差异，并且与 13–22、21–1、4–17 的差异达极显著水平，分别高出 25.27%、34.12% 和 39.02%。热科 1 号 Cu 元素含量与 13–22、21–1、4–17 存在显著性差异，其中与 21–1、4–17 的差异达极显著水平。

2. Mn 和 Zn 元素含量分析

7 份苦瓜种质 Mn 元素含量测定结果表明，9–18 Mn 元素含量最高，为（0.445 ± 0.057）mg/100g，热科 1 号 Mn 元素含量最低，为（0.316 ± 0.074）mg/100g。9–18 Mn 元素含量与其余 6 份种质达显著性差异，并且与热科 1 号的差异达极显著水平。除 9–18 外，其余 6 份苦瓜种质间不存在显著性差异。

Zn 元素含量测定结果表明，13–22 Zn 元素含量最高，为（1.278 ± 0.052）mg/100g，4–17 Zn 元素含量最低，为（0.866 ± 0.021）mg/100g。13–22、15–1、9–18、热科 1 号、21–1、4–17 间 Zn 元素含量存在显著性差异，21–1 与 16–7、16–7 与 4–17 间 Zn 元素含量不存在显著性差异。13–22 与其余 6 份材料 Zn 元素含量差异达极显著水平；9–18 和 15–1 与其余 5 份材料的差异达极显著水平，热科 1 号与 16–7、4–17 的差异达极显著水平（表 2–6）。

表 2-6 不同苦瓜种质主要微量元素含量 （mg/100 g）

种质编号	Fe 元素含量	Cu 元素含量	Mn 元素含量	Zn 元素含量
热科 1 号	2.895±0.768 Aa	0.107±0.011 ABab	0.316±0.074 Bb	1.015±0.044 Cd
9-18	1.743±0.111 Bbc	0.098±0.003 ABCbc	0.445±0.057 Aa	1.108±0.017 Bc
4-17	2.024±0.266 ABbc	0.082±0.011 Cd	0.356±0.037 ABb	0.866±0.021 Df
21-1	2.354±0.122 ABab	0.085±0.006 Ccd	0.371±0.026 ABb	0.940±0.013 CDe
13-22	1.809±0.378 Bbc	0.091±0.003 BCcd	0.368±0.031 ABb	1.278±0.052 Aa
15-1	1.672±0.053 Bc	0.114±0.002 Aa	0.352±0.015 ABb	1.177±0.020 Bb
16-7	2.289±0.144 ABabc	0.112±0.005 Aa	0.338±0.009 ABb	0.881±0.048 Def

说明：不同大／小写字母代表处理间差异达 0.05/0.01 显著水平。

3. 9-18 苦瓜种子脂溶性成分及相对含量

9-18 苦瓜种子经气相色谱 - 质谱联用技术进行 GC-MS 分析，共鉴定出 24 种化合物，占其脂溶性成分总量的 87.55%。在已鉴定的 24 种化学成分中，相对含量大于 2.0% 的有 7 种，相对含量较高的化学成分依次为 24- 亚甲基环木菠萝烷醇（17.611%）、环阿屯醇（17.234%）、γ- 生育酚（16.348%）、维生素 E（8.121%）、25,26- 二氢 Ela 甾醇（6.577%）、α- 香树精（5.906%）、钝叶醇（2.077%）（表 2-7）。

4. 4-17 苦瓜种子脂溶性成分及相对含量

4-17 苦瓜种子经气相色谱 - 质谱联用技术进行 GC-MS 分析，共鉴定出 28 种化合物，占其脂溶性成分总量的 91.62%。在已鉴定的 28 种化学成分中，相对含量大于 2.0% 的有 7 种，相对含量较高的化学成分依次为 γ- 生育酚（24.436%）、维生素 E（14.523%）、24- 亚甲基环木菠萝烷醇（12.166%）、环阿屯醇（11.532%）、Ela 甾醇（8.292%）、β- 香树素（6.584%）、1- 苯基丁酮（2.449%）（表 2-7）。

5. 苦瓜材料间种子脂溶性成分比较分析

从 2 份苦瓜种子中分别鉴定出 24 种、28 种化合物，共鉴定出 35 种化合物，其中 7 种脂溶性化学成分为 9-18 苦瓜材料种子中特有，分别为十七烷（0.068%）、辛基油（0.336%）、角鲨烯（1.338%）、β- 豆甾醇（0.974%）、25,26- 二氢 ela 甾醇（6.577%）、β- 生育酚（0.569%）、α- 香树精（5.906%）。11 种脂溶性化学成分为 4-17 苦瓜材料种子中特有，分别为邻苯二甲酸二异丁酯（0.128%）、油酸乙酯（0.107%）、硬脂酸异丙酯（0.053%）、油酰多胺（0.701%）、邻苯二甲酸异辛酯（0.312%）、二十五烷（0.139%）、5,6- 环氧 -α- 托可醌（0.936%）、豆甾醇（0.533%）、Ela 甾醇（8.292%）、β- 香树素（6.584%）、12- 乌苏烯 -28- 醛（0.947%）。2 份苦瓜材料种子中相对含量均较高的脂溶性化学成分为 24- 亚甲基环木菠萝烷醇、环阿屯醇、γ- 生育酚、维生素 E（表 2-7）。

表 2-7　苦瓜种子脂溶性化学成分及相对含量

序号	保留时间（min）	化合物	分子式	相对含量 RT（%）	
				9-18	4-17
1	13.01	1- 苯基丁酮	$C_{10}H_{12}O$	1.875	2.449
2	17.19	2,4- 二叔丁基苯酚	$C_{14}H_{22}O$	1.092	0.137
3	17.89	橙花叔醇	$C_{15}H_{26}O$	0.795	0.221
4	19.83	十七烷	$C_{17}H_{36}$	0.068	–
5	22.10	苯二甲酸丁酯	$C_{16}H_{22}O_4$	0.344	0.242
6	23.28	邻苯二甲酸二异丁酯	$C_{16}H_{22}O_4$	–	0.128
7	23.54	棕榈酸乙酯	$C_{18}H_{36}O_2$	0.121	0.111
8	25.52	亚油酸乙酯	$C_{20}H_{36}O_2$	0.249	0.180
9	25.58	油酸乙酯	$C_{20}H_{38}O_2$	–	0.107
10	25.85	硬脂酸乙酯	$C_{20}H_{40}O_2$	0.300	0.272
11	26.17	硬脂酸异丙酯	$C_{21}H_{42}O_2$	–	0.053
12	27.09	亚麻酸乙酯	$C_{20}H_{34}O_2$	0.253	0.414
13	27.68	δ- 十八内酯	$C_{18}H_{34}O_2$	1.269	1.220
14	27.81	油酰多胺	$C_{18}H_{35}NO$	–	0.701
15	29.51	辛基油	$C_{24}H_{38}O_4$	0.336	–
16	29.58	邻苯二甲酸异辛酯	$C_{24}H_{38}O_4$	–	0.312
17	30.90	二十五烷	$C_{25}H_{52}$	–	0.139
18	31.78	芥酸酰胺	$C_{22}H_{43}NO$	0.620	0.496
19	32.04	角鲨烯	$C_{30}H_{50}$	1.338	–
20	34.18	γ- 生育酚	$C_{28}H_{48}O_2$	16.348	24.436
21	34.57	5,6- 环氧 -α- 托可醌	$C_{29}H_{50}O_4$	–	0.936
22	34.88	维生素 E	$C_{29}H_{50}O_2$	8.121	14.523
23	36.25	β- 豆甾醇	$C_{29}H_{48}O$	0.974	–
24	36.42	豆甾醇	$C_{29}H_{48}O$	–	0.533
25	36.78	钝叶醇	$C_{30}H_{50}O$	2.077	1.424
26	36.89	25,26- 二氢 ela 甾醇	$C_{29}H_{48}O$	6.577	

（续表）

序号	保留时间（min）	化合物	分子式	相对含量 RT（%）	
				9–18	4–17
27	37.04	Ela 甾醇	$C_{29}H_{46}O$	–	8.292
28	37.23	β– 生育酚	$C_{28}H_{48}O_2$	0.569	–
29	37.44	α– 香树精	$C_{30}H_{50}O$	5.906	–
30	37.60	β– 香树素	$C_{30}H_{50}O$	–	6.584
31	38.02	环阿屯醇	$C_{30}H_{50}O$	17.234	11.532
32	38.33	维生素 E 乙酸酯	$C_{31}H_{52}O_3$	1.540	1.637
33	38.84	24– 亚甲基环木菠萝烷醇	$C_{31}H_{52}$	17.611	12.166
34	41.14	12– 乌苏烯 –28– 醛	$C_{30}H_{48}O$	–	0.947
35	41.48	5,α– 豆甾烷 –3,6– 二酮	$C_{29}H_{48}O_2$	1.937	1.425

说明："–"表示未检测到。

三、讨论

　　植物体内铁、铜、锰和锌等微量元素含量的高低不仅直接关系到植株的生长发育，而且影响果实的营养品质（Trethowan et al.，2005；Welch et al.，2005）。微量元素在人体内含量很少，但参与了人体中 50% ～ 70% 的酶组分（郑建仙，1999）。近年来，随着人类生活方式的改变，微量营养元素的摄入量过低，已成为影响人类健康的重要因素。全世界表现出缺乏铁、锌等微量元素症状的人口达 30% 以上。虽然可以借助保健品或药物来补充人体缺乏的微量元素，但存在费用高，覆盖面小，不能从根本上解决微量元素营养不良的问题。国内外学者倾向于通过生物强化的方法提高作物果实中微量元素的含量（Welch et al.，2002；Welch et al.，2004；Graham et al.，1999）。吴兆明等（1996）研究表明，作物果实中微量元素的含量与品种有关。本研究共分析了 7 份苦瓜种质果实中铁、铜、锰和锌元素的含量，Fe 元素含量为 1.672~2.895 mg/100g，Cu 元素含量为 0.082~0.114 mg/100g，Mn 元素含量为 0.316~0.445 mg/100g，Zn 元素含量为 0.866~1.278 mg/100g。李东阳等（2007）研究表明 3 个不同产地苦瓜中铁元素的含量为 0.51~0.74 mg/100g。向长萍等（2000）研究表明不同品系苦瓜铁元素的含量为 0.39~0.67 mg/100g。本研究测定的苦瓜果实中铁元素的含量与以往研究显著不同，主要原因是本研究选用的是干燥后的苦瓜果实，而以往研究选择的是新鲜的苦瓜果实。另外，造成不同苦瓜种质微量元素含量差异的因素包括多种。一方面，由于进化和人工选择的原因，不同苦瓜品种果实微量元素含量差异很大。另一方面，实验基地的光照、温湿度及土壤的地质条件也会对苦瓜果实微量元素的含量产生一定程度的影响。为了避免环境因素对实验结果的影响，本研究采用了随机区组设计。

不同苦瓜种质种子中脂溶性化学成分及含量存在一定差异。从 2 份苦瓜种子中共鉴定出 35 种化学成分，其中 17 种成分为 2 份材料共有，部分共有成分的含量存在明显差异。其中 γ-生育酚和维生素 E 在 2 份苦瓜中含量均较高，其中 γ-生育酚具有抑制肿瘤细胞增殖，促进肿瘤细胞凋亡等生物活性（李辉等，2013）。维生素 E 具有抗氧化、抵制自由基毒害、抑制肿瘤细胞增殖等功效。本研究进一步明确了苦瓜种子中含有多种药理活性成分，为苦瓜种质资源的综合开发利用奠定了基础。

在下一步的研究过程中，要进一步扩大富集微量元素苦瓜种质的鉴定与筛选，积极开展种质创新，进行果实微量元素积累的分子机理研究。另外，由于绝大多数微量元素含量是由多基因控制的数量性状，在下一步的工作中，会利用微量元素含量高的材料和微量元素含量低的材料配制杂交组合，构建分离群体，利用现代分子生物学技术，通过多年多点试验，筛选与苦瓜果实各微量元素含量相关基因紧密相连锁的分子标记，为果实富集微量元素苦瓜品种改良和分子标记辅助选择奠定基础，加快功能性苦瓜品种培育。

第三章

苦瓜药理活性基因克隆分析

第一节　苦瓜 *MAP30* 基因克隆与单倍型分析

苦瓜（*Momordica charantia* L.）属于葫芦科（Cucurbitaceae）苦瓜属一年生蔓生草本植物。苦瓜不仅营养成分丰富，其所含的药理活性成分具有抗肿瘤（Zhang et al.，2015）、消炎（Liaw et al.，2015）、提高人体免疫力（Panda et al.，2015）和降血糖（Yang et al.，2015）等多种功效。核糖体失活蛋白（ribosome-inactivating protein，RIP）广泛存在于植物中，具有破坏核糖体抑制蛋白质生物合成的功能。Lee-Huang 等（1990）从苦瓜种子和果实中分离到一种分子量为 30 kD 的 I 型核糖体失活蛋白 MAP30（Momordica anti-HIV protein of 30kD）。MAP30 蛋白具有抑制 HIV、HSV、HBV 等病毒的活性（Sun et al.，2001；Schreiber et al.，1999；Bourinbaiar et al.，1996），针对病毒感染细胞及病毒本身均可作为攻击靶点，且对正常细胞无明显毒性，这决定了 MAP30 蛋白抗病毒的广谱性。另外，MAP30 蛋白还具有抗生育、抗肿瘤等药理活性（周小东等，2013）。

以往研究者多采用 MAP30 编码序列构建载体重组表达 MAP30 蛋白，进而研究其生物活性。林育泉等（2005）采用大肠杆菌表达系统表达 MAP30 并验证了其对肿瘤细胞株的抑制作用。樊剑鸣等（2008）将苦瓜 *MAP30* 基因转化到大肠杆菌，表达的 MAP30 蛋白能抑制镰刀菌的生长。樊剑鸣等（2009）研究表明在毕赤酵母中表达的苦瓜 MAP30 蛋白能够诱发胃腺癌细胞的凋亡。Fan 等（2009）研究表明重组 MAP30 蛋白能够有效抑制肝炎病毒。朱振洪等（2010）研究证明重组 MAP30 蛋白对人胃癌细胞具有明显抑制作用。张黎黎等（2010）成功地构建了 MAP30 表达系统，并实现了可溶性表达，可用于抗体－毒素肿瘤靶向药物合成。韩晓红等（2011）研究表明重组 MAP30 蛋白可以诱导人食管癌细胞株凋亡。邱华丽等（2014）研究结果证实重组 MAP30 蛋白可诱导乳腺癌细胞凋亡。王美娜等（2015）成功表达了可溶性重组蛋白 MAP30，并证明有很好的抑菌活性。有关 *MAP30* 基因结构和单倍型的研究鲜有报道。本研究拟通过 NCBI 数据库获得 *MAP30* 基因编码序列，通过与苦瓜基因组序列进行比对寻找目标区域，在目标区域两侧设计引物，获取完成的 *MAP30* 基因序列，分析基因结构及编码蛋白结构；通过同源比对构建系统进化树，分析 MAP30 蛋白与其他 RIPs 蛋白的亲缘关系；比较不同苦瓜种质资源 *MAP30* 基因序列，分析 *MAP30* 基因单倍型，并对不同单倍型编码的蛋白质序列进行分析，以期为研究 *MAP30* 基因表达调控机制和不同单倍型编码蛋白功能差异提供依据。

一、材料与方法

1. 材料

供试苦瓜材料共 34 份，来源于苦瓜初级核心种质库（刘子记等，2017），材料来源见表 3-1。试验于 2016 年 9 月初在中国热带农业科学院热带作物品种资源研究所试验基地进行，将供试苦瓜种子用 50℃温水处理 30 min，常温浸种 12 h 后，播种于营养钵中，按照常规方法管理。待苦瓜长至 3 叶 1 心时，摘取叶片贮于 -20℃冰箱备用。

表 3-1　供试苦瓜材料

种质编号	来源地区	种质编号	来源地区
Y5、Y7、Y16	日本	Y108	中国湖南
Y39、Y43、Y50	中国广东	Y112、Y113、Y115、Y121	中国广西
Y58	中国江西	Y122、Y124、Y131、Y134、Y139	中国福建
Y60、Y66、Y69、Y72、Y77	中国海南	Y140、Y141、Y144	斯里兰卡
Y83、Y85、Y87、Y90	泰国	Y146、Y147、Y153	印度
Y96、Y100	中国云南		

2. 方法

（1）基因组 DNA 提取。采用改良的 CTAB 法（刘子记等，2013）提取待测苦瓜材料的基因组 DNA。

（2）*MAP30* 基因组序列分离。根据 GenBank *MAP30* 编码序列 S79450 比对苦瓜基因组序列（Urasaki et al.，2017），确定 *MAP30* 基因所在的区间，为了获得完整的 *MAP30* 基因组序列，利用软件 Primer 5.0 在编码序列的两侧设计引物（表 3-2），共设计 3 对引物 MAP30TD1、MAP30TD2 和 MAP30TD3，首先对 3 对引物组合分别进行 PCR 扩增，选择扩增条带清晰，目标条带单一的引物组合获取编码序列在内的 1 kb 左右的序列，采用离心柱型琼脂糖凝胶 DNA 回收试剂盒（Omega Gel Extraction Kit，美国）回收目的条带，将目的条带连接到北京全式金生物技术有限公司的 pEASY-T5 载体上，转化感受态细胞 Trans1-T1，筛选出阳性克隆，委托广州英韦创津生物科技有限公司测序。

表 3-2　扩增苦瓜 MAP30 基因引物序列

引物名称 Primer name	正向引物序列（5′—3′） Forward primer sequence	反向引物序列（5′—3′） Reverse primer sequence
MAP30TD1	GCAAAGAAACTACGGT	CGATATGGGTGGATTA
MAP30TD2	TCGAACTCATCAAATT	ACATGAACATGCCTTA
MAP30TD3	TATTTTTACTATCTATAATTAA	TATTTCATAAATAAAAAAAAAGACA

PCR 反应体系为 20 μL，其中包括 12 μL Premix Taq™（宝生物工程有限公司），1 μmol/L 引物，150 ng 模板 DNA。扩增程序为 94℃预变性 5 min；94℃变性 1 min，55℃退火 1 min，72℃延伸 1.5 min，35 个循环；72℃终延伸 10 min；PCR 产物保存于 10℃。20 μL 扩增产物与 3 μL 上样缓冲液，2 μL UltraPower DNA 染料混合经 1.5% 琼脂糖凝胶于 110 V 电泳 30 min，显色进行带型统计。

（3）MAP30 基因生物信息学分析。利用在线软件 FGENESH（http：//linux1.softberry.com/berry.phtml?topic= fgenesh&group= programs&subgroup=gfind）分析 *MAP30* 基因结构。利用在线软件 ProtParam、ProtScale、SignalP 4.1、TMHMM、JPRED4、PSIPRED、InterPro 分析 *MAP30* 基因编码蛋白的氨基酸序列、亲疏水性、信号肽、跨膜结构等。根据 MAP30 蛋白序列在线进行 Blastp 同源性搜索，获得与 MAP30 相似度较高的其他物种的蛋白序列，采用 MEGA 6.06 软件基于邻近相连法绘制系统进化树，并进行 Bootstrap 检测，系统树分支的置信度，采用重复抽样分析方法，重复抽样次数为 1000 次。

（4）*MAP30* 基因单倍型分析。以不同苦瓜材料基因组 DNA 作为模板，以 MAP30TD1、MAP30TD2 和 MAP30TD3 为引物进行初步筛选，选择能够在 34 份苦瓜材料中成功扩增的引物组合 MAP30TD3 进行后续研究，回收目的片段进行连接、转化和测序，采用 BioEdit 软件进行多序列比对、分组，分析 *MAP30* 基因单倍型。

二、结果与分析

1. *MAP30* 基因全长的克隆

从 NCBI 数据库中获得 *MAP30* 相关片段 S79450，通过与苦瓜基因组序列比对，该序列对应于 Scaffold_175，为了获得完整的 *MAP30* 基因序列，利用软件 Primer 5.0 在对应序列的两侧设计引物，共设计 3 对引物 MAP30TD1、MAP30TD2 和 MAP30TD3，其中引物组合 MAP30TD1、MAP30TD2 扩增条带模糊，MAP30TD3 能够在 34 份供试苦瓜材料中成功扩增，条带清晰，目标条带单一。首先，采用 MAP30TD3 引物组合对 Y5 苦瓜材料进行 PCR 扩增，目的片段经回收、连接、转化、测序，共获得 1030 bp 的序列，序列经 FGENESH 基因结构分析表明，*MAP30* 基因全长 920 bp（图 3-1，图 3-2），5′-UTR 长 52 bp，3′-UTR 长 7 bp，ORF 长 861 bp，无内含子序列。

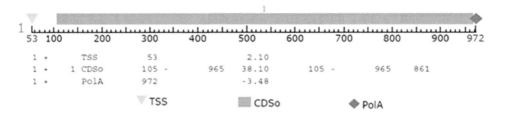

TSS: 转录起始位点；CDSo：编码序列；PolA：多聚腺苷酸

图 3-1 *MAP30* 基因结构

>MAP30 Gene sequence
CTATAAATACCATGATTGAGATACTCATATTCGAACTCATCAAATTAGAAAAATGATGAAATG
CTTACTACTTTCTTTTTTAATTATCGCCATCTTCATTGGTGTTCCTACTGCCAAAGGCGATG
TTAACTTCGATTTGTCGACTGCCACTGCAAAAACCTACACAAAATTTATCGAAGATTTCAG
GGCGACTCTTCCATTTAGCCATAAAGTGTATGATATACCTCTACTGTATTCCACTATTTCCGA
CTCCAGACGTTTCATACTCCTCAATCTCACAAGTTATGCATATGAAACCATCTCGGTGGCCA
TAGATGTGACGAACGTTTATGTTGTGGCCTATCGCACCCGCGATGTATCCTACTTTTTTAAA
GAATCTCCTCCTGAAGCTTATAACATCCTATTCAAAGGTACGCGGAAAATTACACTGCCATA
TACCGGTAATTATGAAAATCTTCAAACTGCTGCACACAAAATAAGAGAGAATATTGATCTTG
GACTCCCTGCCTTGAGTAGTGCCATTACCACATTGTTTTATTACAATGCCCAATCTGCTCCT
TCTGCATTGCTTGTACTAATCCAGACGACTGCAGAAGCTGCAAGATTTAAGTATATCGAGC
GACACGTTGCTAAGTATGTTGCCACTAACTTTAAGCCAAATCTAGCCATCATAAGCTTGGAA
AATCAATGGTCTGCTCTCTCCAAACAAATATTTTTGGCGCAGAATCAAGGAGGAAAATTTA
GAAATCCTGTCGACCTTATAAAACCTACCGGGGAACGGTTTCAAGTAACCAATGTTGATTC
AGATGTTGTAAAAGGTAATATCAAACTCCTGCTGAACTCCAGAGCTAGCACTGCTGATGAA
AACTTTATCACAACCATGACTCTACTTGGGGAATCTGTTGTGAATTGAAAGTTTA

ATG：起始密码子；TGA：终止密码子

图 3-2　MAP30 基因序列

2. MAP30 基因编码氨基酸序列的生物信息学分析

经 FGENESH 分析，MAP30 基因编码 286 个氨基酸。经 ProtParam 软件分析表明，MAP30 蛋白分子式为 $C_{1468}H_{2306}N_{372}O_{423}S_4$，氮端为 Met，相对分子量 32 kD，理论等电点 pI 为 9.08，负电荷残基（Asp+Glu）为 24 个，正电荷残基（Arg+Lys）为 29 个，脂肪系数为 101.99，总平均亲水性为 0.076，不稳定指数为 29.49，属于稳定蛋白，半衰期大于 10 h。经 ProtScale 软件分析，4 个高分值峰（Scale>1.0），分别分布在 5~18、83~93、150~157、171~177 等区域，属于高疏水性区域，13 个低分值峰（Scale<0），分别分布在 21~27、32~46、51~55、64~67、97~115、121~147、162~168、180~202、210~216、225~236、238~249、251~255、266~274 等区域，属于高亲水区域，推测该蛋白为亲水性蛋白。SignalP 4.1 分析 MAP30 具有信号肽，属于分泌蛋白，切割位点位于第 23 和第 24 氨基酸之间。采用 TargetP 1.1 对 MAP30 蛋白进行亚细胞定位预测，结果显示 MAP30 蛋白定位在分泌路径（SP 值为 0.941）。经 TMHMM 程序分析，MAP30 蛋白不含跨膜结构域。结合 JPRED4 和 PSIPRED 预测 MAP30 蛋白二级结构显示，MAP30 蛋白包含有 13 处 α- 螺旋，12 处 β- 折叠，7 处 β- 转角。该氨基酸序列 24~263 区间具有核糖体失活蛋白结构域。经 UniProtKB 分析，

MAP30 存在 4 个 RNA N– 糖苷酶活性位点，分别位于第 93、第 132、第 181 和第 184 位点。

3.MAP30 蛋白系统进化树分析

MAP30（Y5）蛋白质序列经 NCBI 数据库比对结果表明，与苦瓜 RIP AAB35194.2 的相似性为 99%，与胶苦瓜（*Momordica balsamina*）的 RIP（P29339.1）相似性为 99%，与南瓜（*Cucurbita moschata*）RIP（3BWH_A）相似性为 64%，与栝楼（*Trichosanthes kirilowii*）karasurin RIP（P24478.2）相似性为 60%，与栝楼 trichomislin RIP（AAS92579.1）相似性为 61%，与栝楼天花粉蛋白（TCS）（AAA34206.1）的相似性为 61%，与蛇瓜（*Trichosanthes anguina*）Trichoanguin RIP（P56626.2）的相似性为 56%，与栝楼 Trichobakin RIP（BAA92530.1）的相似性为 62%，与异株泻根（*Bryonia dioica*）RIP（P33185.3）的相似性为 58%。

利用 MEGA6.06 软件，将 MAP30（Y5）蛋白与其他 9 种 RIP 蛋白进行系统发育树构建（图 3–3），结果表明，苦瓜 MAP30（Y5）蛋白与苦瓜（AAB35194.2）、胶苦瓜（P29339.1）聚为一组，亲缘关系最近，分化时间较晚。栝楼 P24478.2、BAA92530.1、AAA34206.1、AAS92579.1 四种 RIP 蛋白聚为一组，可能由种内基因重复产生。蛇瓜（P56626.2）、南瓜（3BWH_A）、异株泻根（P33185.3）的分化时间较早，与 MAP30（Y5）蛋白的亲缘关系较远，亲缘关系的远近可能与对应蛋白质功能的相似性有关。该进化关系分析表明，苦瓜

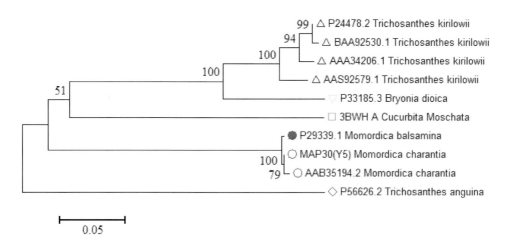

图 3–3　苦瓜 MAP30（Y5）与其他物种 RIP 蛋白的系统进化分析

MAP30 蛋白在苦瓜属植物中保守型较强，而与葫芦科其他植物 RIP 蛋白相比，保守性较差。

4. *MAP30* 基因单倍型分析

以 MAP30TD3 为引物，以其余 33 份苦瓜种质基因组 DNA 为模板进行扩增，回收目的片段进行测序，以 MAP30（Y5）为参考序列进行比对，共发现 6 个 SNP 位点，分别是 +33 位点的 G/A，+56 位点的 A/G，+258 位点的 G/A，+272 位点的 A/G，+340 位点的 C/G，+712 位点的 A/C，第 1 个 SNP 位于 5′ –UTR 区，其余 5 个 SNP 位于编码区（图 3–4）。通过 SNP 分组发现，34 份苦瓜种质资源 *MAP30* 基因共存在 3 种单倍型。其中 Y5、Y7、Y16、Y39、Y58、Y60、Y66、Y77、Y83、Y96、Y100、Y112、Y121、Y122、Y134 属 于 第 1 组；Y43、Y50、Y90、Y108、Y113、Y115、Y140、Y141、Y144 属于第 2 组，第 2 组存在 1 个 SNP 位点，+258 位点的 G/A；Y69、Y72、Y85、Y87、Y124、Y131、Y139、Y146、Y147、Y153 属于第 3 组，第 3 组共包括 5 个 SNP 位点，分别是 +33 位点的 G/A，+56 位点的 A/G，+272 位点的 A/G，+340 位点的 C/G，+712 位点的 A/C。

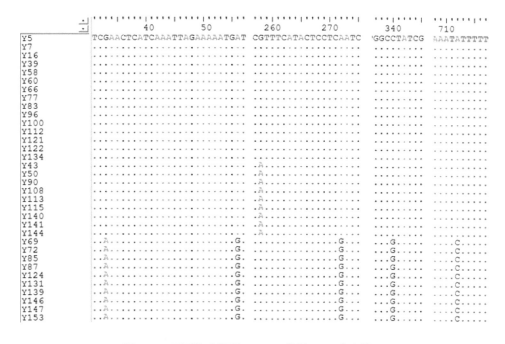

图 3–4 不同苦瓜种质 *MAP30* 基因 SNP 分布情况

以 MAP30（Y5）编码的蛋白质序列为参考，对 3 种单倍型编码的蛋白质进行比对显示，共存在 3 个氨基酸变异位点，分别是第 2 位 M/V、第 69 位 R/H、第 74 位 N/D（图 3-5），3 个氨基酸变异位点分别对应于第 2、3、4 SNP 位点，第 5、6 SNP 位点并未引起氨基酸的改变。

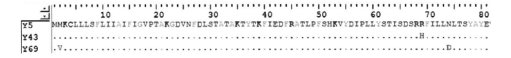

图 3-5　不同 *MAP30* 基因单倍型编码蛋白质情况

三、讨论

苦瓜在医药、保健食品、食品加工等方面都有非常广阔的应用前景，得到了许多国家的高度重视。在我国，随着人们生活水平的提高，全民健康意识逐步加强，苦瓜作为一种优质的药食兼用的植物资源得到越来越多的认可（赵妍等，2009）。

MAP30 是从苦瓜果实和种子中分离纯化得到的一种单链、Ⅰ型核糖体失活蛋白，在体外具有 RNA N- 糖苷酶活性，可作用于 28S rRNA 使核糖体因不能结合延伸因子而终止蛋白质的翻译（Arazi et al.，2002；Fong et al.，1991）。MAP30不但具有抗肿瘤、抗菌、抗病毒等多种生物学活性，而且 MAP30 可以特异地抑制受病毒感染的细胞和肿瘤转化细胞，诱导凋亡，对正常细胞无毒副作用，临床应用价值显著（栾杰等，2012；刘思等，2007）。为了进一步明确 *MAP30* 基因结构，本试验从苦瓜中克隆出全长 *MAP30* 基因序列，包括 52 bp 的 5′-UTR，7 bp 的 3′-UTR，861 bp 的 ORF，以往研究多集中在编码序列，本研究获取的 *MAP30* 基因 5′-UTR 和 3′-UTR 区可为研究 *MAP30* 基因的表达调控奠定基础。蛋白结构分析发现 MAP30 蛋白存在核糖体失活蛋白结构域和 4 个 RNA N- 糖苷酶活性位点，进一步证明该蛋白属于核糖体失活蛋白。

将 MAP30（Y5）蛋白与其他 9 种 RIP 蛋白进行系统进化分析，结果表明，苦瓜 MAP30（Y5）蛋白与苦瓜 AAB35194.2、胶苦瓜 P29339.1 核糖体失活蛋白聚为一组，亲缘关系最近，分化时间较晚。其中苦瓜 AAB35194.2 为已报到的MAP30 蛋白序列，MAP30（Y5）与 AAB35194.2 的相似性达 99%，进一步验证了本研究克隆的基因为 *MAP30* 基因。葫芦科其他植物的 RIP 蛋白与 MAP30 蛋白亲缘关系较远，该研究结果表明苦瓜 MAP30 蛋白在苦瓜属植物中保守性较强。

通过分析 34 份苦瓜种质 *MAP30* 基因序列，共发现 6 个 SNP 位点，其中第 1 个 SNP 位于 5′ –UTR 区，其余 5 个 SNP 位于编码区。通过 SNP 分组发现，34 份苦瓜种质资源共存在 3 种单倍型。与以往发表的 *MAP30* 基因序列相比，其中第 1、第 2、第 4、第 5 SNP 位点从未报道，第 3 SNP 位点在 DQ643968.1 中存在，第 6 SNP 位点在 S79450.1 中存在，这种核苷酸水平的单碱基变化，尤其位于 5′ –UTR 区的 SNP，是否会对 *MAP30* 基因的表达存在调控有待于进一步研究。对 MAP30 3 种单倍型编码的蛋白质进行比对显示，共存在 3 个氨基酸变异位点，3 个氨基酸变异位点分别对应于第 2、第 3、第 4 SNP 位点，氨基酸变异位点是否影响 MAP30 蛋白的功能特性还有待于进一步研究。

第二节　苦瓜 *MAP30* 基因启动子克隆与单倍型分析

基因启动子是一段特殊的 DNA 序列，能与 RNA 聚合酶结合主导基因的起始转录位置（周丽英等，2016），根据转录方式不同，启动子主要包括 3 种类型，分别为组成型启动子、组织特异型启动子和诱导型启动子（聂丽娜等，2008；成晓静等，2016）。转录调控和翻译调控是真核生物基因表达的主要调控途径，转录因子和位于启动子区域的顺式作用元件间的相互作用完成基因转录水平的调控（Valerie et al.，2013），转录因子能够与位于启动子区域的顺式调控元件特异结合，从而实现基因的表达调控，促进作物适应环境条件的变化（Lee et al.，2013）。生物信息学是近年来发展起来的一门学科，与互联网结合进行发展，促进了基因序列数据发掘的前进步伐，很多分析和预测工具、网站被开发出来，为科研提供了便利（陈铭 2004）。利用预测工具对启动子进行分析，能够预测位于启动子上的顺式调控元件（刘玉瑛等，2007）。

核糖体失活蛋白（ribosome inactivating proteins，RIPs）是主要存在于植物体内具有多种生物学活性的毒蛋白，核糖体功能失活致使蛋白质生物合成受到抑制主要是由于 RIPs 作用于 28S rRNA 实现的，截至目前，国内外研究团队从苦瓜果实和种子中分离到多种 RIPs，主要包括 α– 苦瓜素、β– 苦瓜素和 MAP30（momordica anti–HIV protein of 30kD，MAP30）等。其中，苦瓜 MAP30 蛋白是药理作用最强的Ⅰ型 RIPs（栾杰等，2012）。具有显著的抗肿瘤（Fang et al.，2012；Lee-Huang et al.，2000；Fan et al.，2008）、抗病毒（Bourinbaiar et al.，1996；Fan et al.，2009；Sun et al.，2001；Schreiber et al.，1999）等药理活性。

目前，有关MAP30的研究主要集中在重组表达和药理活性分析方面，林育泉等（2005）选用大肠杆菌表达系统表达的重组 MAP30 蛋白对肿瘤细胞株具有明显的抑制作用。樊剑鸣等（2009）在毕赤酵母中表达的苦瓜蛋白 MAP30 能够诱发胃腺癌细胞 MCG803 的凋亡。樊剑鸣等（2009）研究表明重组的苦瓜 MAP30 蛋白在体外能抑制大肠 LoVo 细胞生长，并能诱导其凋亡。朱振洪等（2010）研究发现 MAP30 基因在毕赤酵母中的表达产物具有抑制肿瘤细胞的活性。韩晓红等（2011）研究表明重组表达 MAP30 蛋白可以诱导人食管癌细胞株 EC-1.71 凋亡。邱华丽等（2014）结果证实重组表达 MAP30 蛋白体外可诱导人乳腺癌细胞凋亡。有关苦瓜 MAP30 基因启动子及单倍型的研究鲜有报道。因此，该研究拟克隆 MAP30 基因的上游启动子序列，利用生物信息学分析方法分析该启动子潜在的顺式作用元件；分析不同苦瓜种质资源 MAP30 基因启动子序列 SNP 和 InDel 分布情况，鉴定单倍型，分析不同单倍型之间在顺式作用元件上的差别以及共同点，为进一步阐明 MAP30 基因的表达调控机制奠定基础。

一、材料与方法

1. 材料

供试苦瓜材料共 30 份，来源于苦瓜初级核心种质库（刘子记等，2017），其中 3 份来自日本，3 份来自中国广东，1 份来自中国江西，5 份来自中国海南，3 份来自泰国，2 份来自中国云南，1 份来自中国湖南，4 份来自中国广西，2 份来自中国福建，3 份来自斯里兰卡，3 份来自印度（表 3-3）。试验于 2016 年 9 月初在中国热带农业科学院热带作物品种资源研究所试验基地进行，将供试苦瓜种子用 50℃温水处理 30 min，常温浸种 12 h 后，播种于营养钵中，按照常规方法管理。待苦瓜长至 3 叶 1 心时，摘取叶片贮于 -20℃冰箱备用。

表 3-3　供试苦瓜材料

种质编号	来源地区	种质编号	来源地区
Y5、Y7、Y16	日本	Y108	中国湖南
Y39、Y43、Y50	中国广东	Y112、Y113、Y115、Y121	中国广西

（续表）

种质编号	来源地区	种质编号	来源地区
Y58	中国江西	Y131、Y139	中国福建
Y60、Y66、Y69、Y72、Y77	中国海南	Y140、Y141、Y144	斯里兰卡
Y83、Y85、Y90	泰国	Y146、Y147、Y153	印度
Y96、Y100	中国云南		

2. 方法

（1）基因组 DNA 提取。采用改良的 CTAB 法（刘子记等，2013）提取待测苦瓜材料的基因组 DNA。

（2）MAP30 启动子序列分离。根据 GenBank MAP30 编码序列 S79450 比对苦瓜基因组序列（Urasaki et al., 2017），该编码序列对应于 Scaffold_175，为了获得 MAP30 启动子序列，从 *MAP30* 基因起始密码子下游 200 bp 内利用软件 Primer 5.0 设计引物（表 3-4），获取起始密码子上游 1.5 kb 左右的序列。以苦瓜材料 Y5 基因组 DNA 为模板进行 PCR 扩增，采用离心柱型琼脂糖凝胶 DNA 回收试剂盒（Omega Gel Extraction Kit，美国）回收目的条带，将目的条带连接到北京全式金生物技术有限公司 pEASY-T5 载体上，转化感受态细胞 Trans1-T1，筛选出阳性克隆，委托广州英韦创津生物科技有限公司测序。

PCR 反应体系为 20 μL，其中包括 12 μL Premix Taq™（宝生物工程有限公司），1 μmol/L 引物，150 ng 模板 DNA。扩增步骤为 94℃预变性 5 min；94℃变性 1 min，55℃退火 1 min，72℃延伸 1.5 min，35 个循环；72℃终延伸 10 min；PCR 反应扩增产物保存于 10℃。20 μL 扩增产物与 3 μL 上样缓冲液，2 μL UltraPower DNA 染料混合经 1.5% 琼脂糖凝胶于 110 V 电泳 30 min，显色进行带型统计。

表 3-4　扩增 MAP30 启动子区域引物序列

引物名称	正向引物序列（5′—3′）	反向引物序列（5′—3′）
MAPP1	CCTCTGCTCGAGCTACTACC	GCAGTGGCAGTCGACAAATC
MAPP2	TCACTTATAAGCCCTCTGCTCG	ACATCGCCTTTGGCAGTAGG
MAPP3	ACCGTCGATCCATTGTACTTCT	GGAACACCAATGAAGATGGCG
MAPP4	GCCCTCTGCTCGAGCTACTAC	GTGGCAGTCGACAAATCGAAG

（续表）

引物名称	正向引物序列（5′—3′）	反向引物序列（5′—3′）
MAPP5	ACACTCACTTATAAGCCCTCTGC	TGCAGTGGCAGTCGACAAA
MAPP6	AGCCCTCTGCTCGAGCTACTA	CCTTTGGCAGTAGGAACACCA
MAPP7	ACTCACTTATAAGCCCTCTGCT	TGGCAGTCGACAAATCGAAGT

（3）MAP30 启动子序列分析。利用在线软件 FGENESH 预测 *MAP30* 基因转录起始位点。利用在线分析工具 PlantCARE（http：//bioinformatics.psb.ugent.be/webtools/plantcare/html/）预测 MAP30 启动子区域顺式作用调控元件（Lescot et al.，2002）。

（4）MAP30 启动子单倍型分析。采用 BioEdit 软件对不同苦瓜种质 MAP30 启动子序列进行多序列比对，分析 MAP30 启动子区域 SNP 和 InDel 分布情况，分析 MAP30 启动子单倍型及调控元件差异。

二、结果与分析

1. *MAP30* 基因启动子片段克隆

为了获得 MAP30 启动子序列，从 *MAP30* 基因起始密码子下游 200 bp 内利用软件 Primer 5.0 设计引物，获取起始密码子上游 1.5 kb 左右的序列，共设计 7 对引物。以苦瓜种质 Y5 叶片基因组 DNA 为模板，进行 PCR 扩增，其中引物 MAPP1 扩增条带单一，目的片段大小 1600 bp 左右，与预期片段大小吻合，回收特异片段、连接、转化、测序，获得 1682 bp 的序列，经与 MAP30 编码序列比对发现，起始密码子（ATG）位于 1582 bp 处，且起始密码子下游编码序列完全与 MAP30 编码序列相匹配，证明所克隆序列为 *MAP30* 基因上游启动子序列。*MAP30* 基因转录起始位点（TSS）利用 FGENESH 软件进行预测，预测结果表明 TSS 位于 MAP30 起始密码子上游 52 bp 处，位于目的片段 1530 bp 位点（C）。选取转录起始位点上游 1500 bp 序列进行启动子顺式作用元件分析（图 3-6）。

2. *MAP30* 基因启动子序列分析

MAP30 基因启动子序列经 PlantCARE 软件分析，结果表明多个顺式作用调控元件存在于 *MAP30* 基因启动子区域（图 3-6，表 3-5）。其中 1461（-39）～ 1464 bp（-36）位置含有 1 个 TATA-box，即 RNA 聚合酶结合位点，能够保证转录起始的准确性。调控转录起始频率的 CAAT-box 元件位于 1419

（−81）～ 1422 bp（−78）位置，综合以上分析结果表明，MAP30 核心启动子区域位于 TSS 上游 −39 ～ −81 区域。另外，发现多个光响应元件，如 AT1−motif、Box 4、BoxⅠ、BoxⅡ、CATT−motif、G−Box、GAG−motif、GATA−motif、GT1−motif、TCT−motif 等。植物激素响应元件，如脱落酸响应元件 ABRE，乙烯响应元件 ERE。特异表达元件，如 CCGTCC−box、Skn−1_motif；防御与生物、非生物胁迫响应相关的元件，如 TC−rich repeats、TCA−element、HSE、MBS、ARE、GC−motif。昼夜节律调控响应元件，如 circadian。预测结果表明，该启动子可能参与光、厌氧、逆境胁迫、脱落酸、水杨酸和乙烯等诱导，同时它还可能参与胚乳高效表达及昼夜节律调控。

```
+ AGAATTGAGG CGGTAGTAGT GTAGACATGA GAGAGTTTCA GTCCTCATCC ATAAACATGA AAAATTCTCA
- TCTTAACTCC GCCATCATCA CATCTGTACT CTCTCAAAGT CAGGAGTAGG TATTTGTACT TTTTAAGAGT

+ TTCAAATGAA TTATTTTGTT ATTTCCGCCA CATTAGAATT ATTTTGAATG CATTATCAAT TTAAGAGTTT
- AAGTTTACTT AATAAAACAA TAAAGGCGGT GTAATCTTAA TAAAACTTAC GTAATAGTTA AATTCTCAAA

+ GAACTACCAA CACCATGCTG ACTATTGATG CAGTACTTAT CAATATTCAT AAGGTTCAAG AGGAATAATT
- CTTGATGGTT GTGGTACGAC TGATAACTAC GTCATGAATA GTTATAAGTA TTCCAAGTTC TCCTTATTAA

+ CATGTCTAAT ATAAATATTT ATAAAGTCCT TTTATTTTTA AGGTTGGATC TATAGTCCGA TCAACTTGGG
- GTACAGATTA TATTTATAAA TATTTCAGGA AAATAAAAAT TCCAACCTAG ATATCAGGCT AGTTGAACCC

+ TCTGTCTGAG TACAGTTATA CACAATTCAC GTTGACAGAG CTGCCATCAA CAAAAAAAGG TTATGATGAA
- AGACAGACTC ATGTCAATAT GTTTAAGTG CAACTGTCTC GACGGTAGTT GTTTTTTCC AATACTACTT

+ GCTGGTAGGG CTTGCTGGAA GCCATCATTT GATTCCGTTA CTACATAATT TAGTAAATCC TATGGAAAGG
- CGACCATCCC GAACGACCTT CGGTAGTAAA CTAAGGCAAT GATGTATTAA ATCATTTAGG ATACCTTTCC

+ AATGAAAATT TTTTATTACC ATCCCTTCAT TCATGTTTTG AAATTATTTT TTATGAACTC AGATTGGAAC
- TTACTTTTAA AAAATAATGG TAGGGAAGTA AGTACAAAAC TTTAATAAAA AATACTTGAG TCTAACCTTG

+ TATTATGTGT TGAATGCGAT TTGGACGGAT TTTTCTATAA AGTTTGTTTG GATCCTTTAG AACTCAGAAG
- ATAATACACA ACTTACGCTA AACCTGCCTA AAAAGATATT TCAAACAAAC CTAGGAAATC TTGAGTCTTC

+ ATGCATTGCT TCGTAGGTGG AGTACGTGT CCACGTGGC AAAATTAGCC GTGAGATTCT TGATACGTGT
- TACGTAACGA AGCATCCACC TCATGCACAG GGTGCACCGG TTTTAATCGG CACTCTAAGA ACTATGCACA

+ GCTGCCATCT GCCAACTTGG AATTACGTG GCTCACCGCT TCAAATTACG ACCAAAATTA GCTGCTCTGT
- CGACGGTAGA CGGTTGAACC TTTAATGCAC CGAGTGGCGA AGTTTAATGC TGGTTTTAAT CGACGAGACA

+ TCCTGAACAC TGCCTAAGGA CCCACGGGC CCACAAATGA CAAACTCTAT AGTTTTTAG ATGGGTACAA
- AGGACTTGTG ACGGATTCCT GGGTGCCCG GGTGTTTACT GTTTGAGATA TCAAAAAATC TACCCATGTT

+ ATTTGAGATA TGGTTTTGTA GGT     AT ATGTACGATC CTAATTCAAT GTGTTATTAA TCAAGAGGAG
- TAAACTCTAT ACCAAAACAT CCAGTAGATA TACATGCTAG GATTAAGTTA CACAATAATT AGTTCTCCTC
```

+ TAAGAATAAG GTTAAACATG TCGATGGAAA TAGAGATGAA AAGATCTCGA TTTACGAAAA TATCGATGAA
- ATTCTTATTC CAATTTGTAC AGCTACCTTT ATCTCTACTT TTCTAGAGCT AAATGCTTTT ATAGCTACTT

+ AATGTTGATG TCTTAAATTG TGAAAATTGA TGGAACTTGT TTAAATTAAT AAATAAAATT TTAATTGTAA
- TTACAACTAC AGAATTTAAC ACTTTTAACT ACCTTGAACA AATTTAATTA TTTATTTTAA AATTAACATT

+ CTTAATTAAG CTATGATTGA TCACTTTTAA CGATCATAGG TAAAAAGATT AATAACTTAC TCATGGAAAT
- GAATTAATTC GATACTAACT AGTGAAAATT GCTAGTATCC ATTTTTCTAA TTATTGAATG AGTACCTTTA

+ GTCAATGTCA ATAAAAATGT TTGAACACAA AGATTGATGA AAATAACTTG AATTAGTATA TTGAAATTCA
- CAGTTACAGT TATTTTTACA AACTTGTGTT TCTAACTACT TTTATTGAAC TTAATCATAT AACTTTAAGT

+ ATGTTACATA ATTATATTTT ATTCACAATT TTTATCCAT TCTAGTCTTT ATTATATATA ATATATATGT
- TACAATGTAT TAATATAAAA TAAGTGTTAA AAATTAGGTA AGATCAGAAA TAATATTATA TATATATACA

+ GTGATAAAAT AGTAGTAGAG AATTTGAAAT ATAAATTTT ATTACAAGTA GGGGTGTTAC TGAACACTCT
- CACTATTTTA TCATCATCTC TTAAACTTTA TATTTTAAAA TAATGTTCAT CCCCACAATG ACTTGTGAGA

+ AGATTTTTTT TATAAAAAAA ATAAATAAAA CAAAGAGTTA CCAAAAAAAC ATGTAAATTT CTTTCTCAAA
- TCTAAAAAAA ATATTTTTTT TATTTATTTT GTTTCTCAAT GGTTTTTTTG TACATTTAAA GAAAGAGTTT

+ TTTTGAAAAT AATGAAGCCG AAGGTGGAAT AAGGGGAAAA AAATGAAAAG TATAATTTTA AAAATGGTCA
- AAAACTTTTA TTACTTCGGC TTCCACCTTA TTCCCCTTTT TTTACTTTTC ATATTAAAAT TTTTACCAGT

+ GTATTTGAAAA ACCACTGAAT TGTTGCTATA TTTCCAACTA TGACAAATAT TTTTACTATC TATAATTAAA
- ATAAACTTTT TGGTGACTTA ACAACGATAT AAAGGTTGAT ACTGTTTATA AAAATGATAG ATATTAATTT

+ AATATGCAAA GAAACTACGG TGCTATCAC$\overset{+1}{C}$ TATAAATACC ATGATTGAGA TACTCATATT CGAACTCATC
- TTATACGTTT CTTTGATGCC ACGATAGTG

+ AAAATTAGAAA AATGATGAAAA TGCTTACTA

图 3-6　MAP30 启动子序列

表 3-5　MAP30 启动子区域顺式作用调控元件

元件名称	颜色	基序序列	个数	生物学功能
5UTR Py-rich stretch	■	TTTCTTCTCT	1	与高转录水平相关的顺式作用元件
A-box		CCGTCC	1	顺式调控元件
ABRE	■	AGTACGTGGC	9	脱落酸响应的顺式调控元件
ARE		TGGTTT	2	厌氧诱导必需的顺式调控元件
AT1-motif	■	AATTATTTTTATT	2	光响应模块元件
Box 4		ATTAAT	3	光响应保守的 DNA 模块
BoxⅠ	▌	TTTCAAA	4	光响应元件
BoxⅡ		TGGTAATAA	2	光响应元件
CAAT-box		CAAT	36	启动子和增强子普遍存在的顺式调控元件
CATT-motif	■	GCATTC	2	光响应元件
CCGTCC-box	▌	CCGTCC	1	分裂组织特异性激活顺式调控元件
ERE	▌	ATTTCAAA	2	乙烯响应元件
G-Box	▌	CACGTT	5	光响应顺式调控元件

（续表）

元件名称	颜色	基序序列	个数	生物学功能
GAG-motif		AGAGAGT	2	光响应元件
GATA-motif		AAGGATAAGG	1	光响应元件
GC-motif		CCACGGGG	1	厌氧特异诱导增强元件
GT1-motif		GGTTAA	1	光响应元件
HSE		AAAAAATTTC	3	热胁迫响应顺式调控元件
MBS		TAACTG	1	干旱诱导 MYB 结合位点
MBSI		aaaAaaC（G/C）GTTA	1	类黄酮生物合成基因调控 MYB 结合位点
Skn-1_motif		GTCAT	4	胚乳表达顺式调控元件
TATA-box		TATA	68	核心启动子元件
TC-rich repeats		ATTTTCTTCA	2	防御与胁迫响应顺式元件
TCA-element		TCAGAAGAGG	1	水杨酸响应顺式元件
TCT-motif		TCTTAC	1	光响应元件
box II		TCCACGTGGC	1	光响应元件
circadian		CAANNNNATC	1	昼夜节律控制顺式调控元件

3. *MAP30* 基因启动子单倍型分析

以 MAPP1 为引物，以其余 29 份苦瓜种质基因组 DNA 为模板进行扩增，回收目的片段进行测序，以 MAP30（Y5）启动子序列为参考序列进行比对，结果如图 3-7 所示，共发现 37 个 SNP 位点和 6 个 InDel，SNP 位点分别是 100 位点的 A/G，342 位点的 T/C，363 位点的 T/A，387 位点的 G/C，409 位点的 C/A，584 位点的 A/G，610 位点的 C/T，783 位点的 G/T，788 位点的 G/T，807 位点的 G/C，812 位点的 T/A，820 位点的 T/C，833 位点的 A/C，867、868、869 位点的 GAA/TCG，872 位点的 A/G，875 位点的 G/A，881 位点的 A/G，930 位点的 G/A，947 位点的 T/C，1022 位点的 G/A，1062 位点的 A/G，1075 位点的 G/C，1087 位点的 T/G，1111 位点的 T/A，1125 位点的 G/T，1128 位点的 A/G，1189 位点的 A/G，1200 位点的 A/C，1207 位点的 G/A，1237 位点的 C/T，1244 位点的 G/T，1368 位点的 G/A，1383 位点的 G/A，1402 位点的 C/T，1437 位点的 C/G。6 个 InDel 位点分别是 951-952 位点的 --/GT，1238-1240 位点的 AAG/---，1273 位点的 T/-，1285-1287 位点的 AAA/---，1305 位点的 A/-，1372 位点的 -/G。（图 3-7）。通过 SNP 分组发现，30 份苦瓜种质资源 *MAP30* 基因启动子共存在

3 种单倍型。Y5、Y7、Y16、Y39、Y58、Y60、Y66、Y77、Y83、Y96、Y100、Y112、Y121 属于第 1 组，Y43、Y50、Y90、Y108、Y113、Y115、Y140、Y141、Y144 属于第 2 组，Y69、Y72、Y85、Y131、Y139、Y146、Y147、Y153 属于第 3 组。结合顺式调控元件的位置，其中 5 个 SNP（342 位点的 T/C，584 位点的 A/G，783 位点的 G/T，872 位点的 A/G，1087 位点的 T/G）位于顺式调控元件内部，涉及的顺式调控元件分别为 MBSI、ABRE、ARE、5UTR Py-rich stretch、GAG-motif、TC-rich repeats，SNP 导致转录因子结合位点发生改变，可能对 *MAP30* 基因的表达调控有重要作用。

```
          100 340   360     390     410 580 610      790   810 820 830
Y5   CCGCCACA GGTTA GGCTTGC CCGTTAC ATCCT GGAGTAC CCGT GGTTTTGTAG CGATCCTA ATG AATCA
Y7   ........ ..... ....... ....... ..... ....... .... .......... ........ ... .....
Y16  ........ ..... ....... ....... ..... ....... .... .......... ........ ... .....
Y39  ........ ..... ....... ....... ..... ....... .... .......... ........ ... .....
Y58  ........ ..... ....... ....... ..... ....... .... .......... ........ ... .....
Y60  ........ ..... ....... ....... ..... ....... .... .......... ........ ... .....
Y66  ........ ..... ....... ....... ..... ....... .... .......... ........ ... .....
Y77  ........ ..... ....... ....... ..... ....... .... .......... ........ ... .....
Y83  ........ ..... ....... ....... ..... ....... .... .......... ........ ... .....
Y96  ........ ..... ....... ....... ..... ....... .... .......... ........ ... .....
Y100 ........ ..... ....... ....... ..... ....... .... .......... ........ ... .....
Y112 ........ ..... ....... ....... ..... ....... .... .......... ........ ... .....
Y121 ........ ..... ....... ....... ..... ....... .... .......... ........ ... .....
Y43  .....G.. ..... ..C.... ..A.... ..C.. ....A.. .... .......... ........ ... .....
Y50  .....G.. ..... ..C.... ..A.... ..C.. ....A.. .... .......... ........ ... .....
Y90  .....G.. ..... ..C.... ..A.... ..C.. ....A.. .... .......... ........ ... .....
Y108 .....G.. ..... ..C.... ..A.... ..C.. ....A.. .... .......... ........ ... .....
Y113 .....G.. ..... ..C.... ..A.... ..C.. ....A.. .... .......... ........ ... .....
Y115 .....G.. ..... ..C.... ..A.... ..C.. ....A.. .... .......... ........ ... .....
Y140 .....G.. ..... ..C.... ..A.... ..C.. ....A.. .... .......... ........ ... .....
Y141 .....G.. ..... ..C.... ..A.... ..C.. ....A.. .... .......... ........ ... .....
Y144 .....G.. ..... ..C.... ..A.... ..C.. ....A.. .... .......... ........ ... .....
Y69  ........ ..... ....... ....... ..... ....... .... ..G..T... T...T... ..C...A. .C.. C
Y72  ........ ..... ....... ....... ..... ....... .... ..G..T... T...T... ..C...A. .C.. C
Y85  ........ ..... ....... ....... ..... ....... .... ..G..T... T...T... ..C...A. .C.. C
Y131 ........ ..... ....... ....... ..... ....... .... ..G..T... T...T... ..C...A. .C.. C
Y139 ........ ..... ....... ....... ..... ....... .... ..G..T... T...T... ..C...A. .C.. C
Y146 ........ ..... ....... ....... ..... ....... .... ..G..T... T...T... ..C...A. .C.. C
Y147 ........ ..... ....... ....... ..... ....... .... ..G..T... T...T... ..C...A. .C.. C
Y153 ........ ..... ....... ....... ..... ....... .... ..G..T... T...T... ..C...A. .C.. C
```

```
          870         880 930    950    1020 1060 1070    1090 1110     1130 1190 1200
Y5   TGGAAATAGAGATGAAA TGT CTTGT T TAGG GTCAA ATGTTTG TGATGA TATA GTTACATA TATGT AAAT
Y7   ................. ... ..... . .... ..... ....... ...... .... ........ ..... ....
Y16  ................. ... ..... . .... ..... ....... ...... .... ........ ..... ....
Y39  ................. ... ..... . .... ..... ....... ...... .... ........ ..... ....
Y58  ................. ... ..... . .... ..... ....... ...... .... ........ ..... ....
Y60  ................. ... ..... . .... ..... ....... ...... .... ........ ..... ....
Y66  ................. ... ..... . .... ..... ....... ...... .... ........ ..... ....
Y77  ................. ... ..... . .... ..... ....... ...... .... ........ ..... ....
Y83  ................. ... ..... . .... ..... ....... ...... .... ........ ..... ....
Y96  ................. ... ..... . .... ..... ....... ...... .... ........ ..... ....
Y100 ................. ... ..... . .... ..... ....... ...... .... ........ ..... ....
Y112 ................. ... ..... . .... ..... ....... ...... .... ........ ..... ....
Y121 ................. ... ..... . .... ..... ....... ...... .... ........ ..... ....
Y43  ...........A..... ... ..... . .... ..... ....... ...... .... ........ ..... ....
Y50  ...........A..... ... ..... . .... ..... ....... ...... .... ........ ..... ....
Y90  ...........A..... ... ..... . .... ..... ....... ...... .... ........ ..... ....
Y108 ...........A..... ... ..... . .... ..... ....... ...... .... ........ ..... ....
Y113 ...........A..... ... ..... . .... ..... ....... ...... .... ........ ..... ....
Y115 ...........A..... ... ..... . .... ..... ....... ...... .... ........ ..... ....
Y140 ...........A..... ... ..... . .... ..... ....... ...... .... ........ ..... ....
Y141 ...........A..... ... ..... . .... ..... ....... ...... .... ........ ..... ....
Y144 ...........A..... ... ..... . .... ..... ....... ...... .... ........ ..... ....
Y69  ..TCG..G..A....G .A. .C...GT. .A. ..G..... C G...A. T..G.....G... .C..
Y72  ..TCG..G..A....G .A. .C...GT. .A. ..G..... C G...A. T..G.....G... .C..
Y85  ..TCG..G..A....G .A. .C...GT. .A. ..G..... C G...A. T..G.....G... .C..
Y131 ..TCG..G..A....G .A. .C...GT. .A. ..G..... C G...A. T..G.....G... .C..
Y139 ..TCG..G..A....G .A. .C...GT. .A. ..G..... C G...A. T..G.....G... .C..
Y146 ..TCG..G..A....G .A. .C...GT. .A. ..G..... C G...A. T..G.....G... .C..
Y147 ..TCG..G..A....G .A. .C...GT. .A. ..G..... C G...A. T..G.....G... .C..
Y153 TC.TCG..G..A....G .A. .C...GT. .A. ..G..... C G...A. T..G.....G... .C..
```

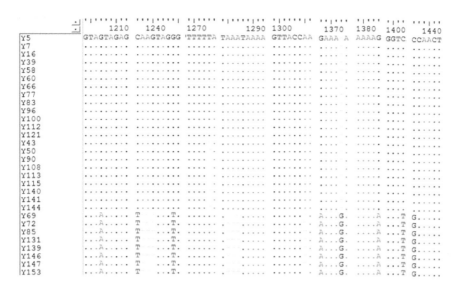

图 3-7 MAP30 启动子序列 SNP 和 InDel 分布情况

三、讨论

启动子作为精确调控基因表达的重要元件（魏桂民等，2014），位于结构基因 5 端上游，能够活化 RNA 聚合酶，使之与模板 DNA 准确结合，另外启动子区含有一系列顺式作用元件（朱玉贤等，2007），决定转录起始方向和效率，控制基因表达的起始时间、空间和表达程度（李永梅等，2016）。

MAP30 是从苦瓜果实和种子中分离纯化得到的一种单链 I 型核糖体失活蛋白（Lee-Huang et al.，1990），具有抗肿瘤、抗菌（王美娜等，2015）、抗病毒（王临旭等，2003）等多种生物学活性。为了分析 *MAP30* 基因启动子特征特性，本研究从 *MAP30* 基因起始密码子下游 200 bp 内设计引物，获取 1682 bp 的序列，经与 MAP30 编码序列比对发现，起始密码子（ATG）位于 1582 bp 处，且起始密码子下游编码序列完全与 MAP30 编码序列相匹配，证明所克隆序列为 *MAP30* 基因上游启动子序列。选取 *MAP30* 基因转录起始位点上游 1500 bp 的序列作为启动子序列进行了研究，对启动子进行了结构预测，分析结果表明 MAP30 启动子序列不但含有植物启动子所具有的基本顺式调控元件 CAAT-box 和 TATA 等，还含有其他多个与光、激素、防御胁迫等相关的顺式作用调控元件。MAP30 启动子尤其与光响应密切相关，28 个元件中与光响应相关的有 10 个，占 35.7%，

进而推测光在 *MAP30* 基因表达过程中具有重要作用。另外，启动子序列含有逆境胁迫、厌氧及水杨酸响应元件，推测该基因子具有抵抗不利条件，参与植物早期的过敏反应并在植物的抗病过程中发挥重要作用，这与前期 MAP30 蛋白生物活性研究结果一致（樊剑鸣等，2008）。MAP30 启动子含有与胚乳表达相关的元件，推测 MAP30 在种子中高效表达，这与以往研究一致，以往研究主要从苦瓜种子中提取 MAP30 蛋白（Arazi et al.，2002；Mock et al.，1996）。另外还预测到水杨酸响应元件，该结果表明 MAP30 启动子可能并不完全属于组织或器官型启动子，还有可能是诱导型启动子。

本研究以 30 份苦瓜种质为材料，分析了 MAP30 启动子区域 SNP 和 InDel 分布情况，共发现 37 个 SNP 位点和 6 个 InDel，通过 SNP 和 InDel 分组发现，30 份苦瓜种质资源共存在 3 种单倍型。结合 MAP30 启动子区域顺式调控元件预测结果来看，5 个 SNP 位于顺式调控元件区域，SNP 导致转录因子结合位点发生改变，可能对 *MAP30* 基因的表达调控有重要作用。在下一步的研究计划中，将开展不同单倍型与 MAP30 表达水平的相关性分析。

第三节　苦瓜 α- 苦瓜素基因克隆与单倍型分析

《本草纲目》中记载"苦瓜苦寒、无毒、除邪热、解劳乏、清心明目、益气壮阳"。大量研究表明，苦瓜含有多种活性成分，具有降血糖（Yang et al.，2015）、抗癌（Zhang et al.，2015）、抗病毒（McGrath et al.，1989）、增强免疫力（Panda et al.，2015）等多种功效。

核糖体失活蛋白（RIPs）是一类主要存在于植物中具有 RNA N- 糖苷酶活性的毒蛋白，能够破坏延伸因子与核糖体的结合，将蛋白质的生物合成抑制在延伸阶段（Stirpe et al.，1992）。RIPs 包括 Ⅰ、Ⅱ、Ⅲ型，Ⅰ型 RIPs 由分子量约为 30 kD 的单肽链蛋白组成；Ⅱ型 RIPs 由一个类似 Ⅰ型 RIPs 的酶活性 A 链和一个稍大的凝聚素 B 链组成（Girbes et al.，2004）；Ⅲ型 RIPs 并不常见，仅在玉米和大麦中发现（李建国，2005）。近年来，研究者从苦瓜中成功分离出了多种具有药用价值的化合物，包括 α- 苦瓜素、β- 苦瓜素、γ- 苦瓜素、δ- 苦瓜素和 MAP30 等，这些小分子蛋白均属于 Ⅰ型 RIPs（孟尧等，2011）。其中 α- 苦瓜素最早是由 Ng 等（1986）是从苦瓜籽中分离出的一种分子量为 30 kD 的 Ⅰ型 RIP，表现出多样的生物活性，作为具有开发价值的蛋白质，α-苦瓜素抗肿瘤、抗病毒和抗真菌的活性受到研究者较多关注。Ng 等（1994）研究表明 α-苦瓜素具有抗绒毛癌和 S180 肉瘤的活性。蔡秀清（2005）研究证实重组表达 α-苦瓜素对增殖表皮癌细胞有明显的生长抑制效应。Pan 等（2014）研究表明 α-苦瓜素具有预防和治疗鼻咽癌的功效。Manoharan 等（2014）研究发现 α-苦瓜素具有抗黑色素瘤和神经胶质瘤的活性。Zheng 等（1999）研究证明 α-苦瓜素具有抗HIV 的活性。李双杰等（2004）研究表明 α-苦瓜素能抑制急性柯萨奇 B3 病毒复制。魏周玲等（2017）研究证实异源表达 α-苦瓜素能够显著抑制烟草花叶病毒，激活植物防卫反应，且对植物细胞无明显毒性。Qian 等（2014）研究发现重组表达 α-苦瓜素蛋白可以增强水稻对稻瘟病菌的抗性。Wang 等（2012）研究表明重组表达 α-苦瓜素具有抑制绿脓杆菌的活性。王书珍（2013）研究证实重组表达 α-苦瓜素对尖镰孢、腐皮镰孢和铜绿脓杆菌的生长有较强的抑制作用。

以往研究多集中在重组表达 α-苦瓜素蛋白及其生物活性方面，而对其完整基因结构和单倍型分析的研究鲜有报道。本研究拟通过 NCBI 数据库获得 α-苦瓜素基因编码序列，通过与苦瓜基因组序列进行比对寻找目标区域，在目标区域两侧设计引物，获取完成的 α-苦瓜素基因序列，分析基因结构及编码蛋白结构；通过同源比对构建系统进化树，分析 α-苦瓜素蛋白与其他 RIPs 蛋白的亲缘关系；比较不同苦瓜种质资源 α-苦瓜素基因序列，分析 α-苦瓜素基因单倍型，并对不同单倍型编码的蛋白质序列进行分析，以期为研究 α-苦瓜素基因表达调控机制和不同单倍型编码蛋白功能差异提供依据。

一、材料与方法

1. 材料

供试苦瓜材料共 35 份，来源于苦瓜初级核心种质库（刘子记等，2017），其中 3 份来自日本，3 份来自中国广东，1 份来自中国江西，5 份来自中国海南，4 份来自泰国，3 份来自中国云南，1 份来自中国湖南，4 份来自中国广西，5 份来自中国福建，3 份来自斯里兰卡，3 份来自印度（表 3-6）。不同苦瓜种质资源农艺性状遗传多样性及核心种质亲缘关系分析结果见文献（Liu et al.，2016）。试验于 2016 年 9 月初在中国热带农业科学院热带作物品种资源研究所试验基地进行，将供试苦瓜种子用 50℃温水处理 30 min，常温浸种 12 h 后，播种于营养钵中，按照常规方法管理。待苦瓜长至 3 叶 1 心时，摘取叶片贮于 –20℃冰箱备用。

表 3-6　供试苦瓜材料

种质编号	来源地区	种质编号	来源地区
Y5、Y7、Y16	日本	Y108	中国湖南
Y39、Y43、Y50	中国广东	Y112、Y113、Y115、Y121	中国广西
Y58	中国江西	Y122、Y124、Y131、Y134、Y139	中国福建
Y60、Y66、Y69、Y72、Y77	中国海南	Y140、Y141、Y144	斯里兰卡
Y83、Y85、Y87、Y90	泰国	Y146、Y147、Y153	印度
Y96、Y100、Y101	中国云南		

2. 方法

（1）基因组 DNA 提取。采用改良的 CTAB 法（刘子记等，2013）提取待测苦瓜材料的基因组 DNA。

（2）α- 苦瓜素基因组序列分离。根据 GenBank α- 苦瓜素编码序列 X57682.1 比对苦瓜基因组序列（Urasaki et al.，2017），该编码序列对应于 Scaffold_175，为了获得完整的 α- 苦瓜素基因组序列，利用软件 Primer 5.0 在编码序列的两侧设计引物（表 3-7），获取编码序列在内的 1 kb 左右的序列。以苦瓜材料 Y5 基因组 DNA 为模板进行 PCR 扩增，采用离心柱型琼脂糖凝胶 DNA 回收试剂盒（Omega Gel Extraction Kit，美国）回收目的条带，将目的条带连接到北京全式金生物技术有限公司的 pEASY-T5 载体上，转化感受态细胞 Trans1-T1，筛选出阳性克隆，委托广州英韦创津生物科技有限公司测序。

表 3-7　扩增 α- 苦瓜素基因引物序列

引物名称	正向引物序列（5′—3′）	反向引物序列（5′—3′）
AlphaTD1	GCAAAGCCATGAGGGT	AAGGGAAATAAAACAC
AlphaTD2	GCGGTACAACATGAGA	GTTGTAGTTGCTACCTC
AlphaTD3	TCCAAAAGCAAAGCCATGAGGG	TGATAAAGGGAAATAAAACACACTT

PCR 反应体系为 20 μL，其中包括 12 μL Premix Taq™（宝生物工程有限公司），1μmol/L 引物，150 ng 模板 DNA。扩增程序为 94℃预变性 5 min；94℃变性 1 min，55℃退火 1 min，72℃延伸 1.5 min，35 个循环；72℃终延伸 10 min；PCR 产物保存于 10℃。20 μL 扩增产物与 3 μL 上样缓冲液，2 μL UltraPower DNA 染料混合

经 1.5% 琼脂糖凝胶于 110 V 电泳 30 min，显色进行带型统计。

（3）α- 苦瓜素基因生物信息学分析。利用在线软件 FGENESH（http：// linux1. softberry.com/berry.phtml?topic= fgenesh&group= programs&subgroup=gfind）和 GENSCAN（http：//genes.mit.edu/GENSCAN.html）分析 α- 苦瓜素基因结构。利用在线软件 ProtParam、ProtScale、SignalP 4.1、TMHMM、JPRED4、PSIPRED、InterPro 分析 α- 苦瓜素基因编码蛋白的氨基酸序列、亲疏水性、信号肽、跨膜结构等。根据 α- 苦瓜素蛋白序列在线进行 Blastp 同源性搜索，获得与 α- 苦瓜素相似度较高的其他物种的蛋白序列，采用 MEGA 6.06 软件基于邻近相连法绘制系统进化树，并进行 Bootstrap 检测，系统树分支的置信度，采用重复抽样分析方法，重复抽样次数为 1000 次。

（4）α- 苦瓜素基因单倍型分析。以不同苦瓜种质基因组 DNA 为模板，扩增 α- 苦瓜素基因，目的片段经回收、连接、转化、测序，采用 BioEdit 软件进行多序列比对、分组，分析 α- 苦瓜素基因单倍型。

二、结果与分析

1.α- 苦瓜素基因全长的克隆

从 NCBI 数据库中获得 α- 苦瓜素相关片段 X57682.1，通过与苦瓜基因组序列比对，序列对应于 Scaffold_175，为了获得完整的 α- 苦瓜素基因序列，利用软件 Primer 5.0 在对应序列的两侧设计引物，其中引物 AlphaTD3 能够在供试苦瓜材料 Y5 中成功扩增，PCR 扩增产物经回收、克隆、测序，共获得 1096 bp 的序列，序列经 FGENESH 基因结构分析表明，α- 苦瓜素基因 cDNA 全长 993 bp（图 3-8），包括 60 bp 的 5′-UTR，72 bp 的 3′-UTR，861 bp 的 CDS，无内含子序列。为了提高分析的准确性，本研究另外采用 GENSCAN 软件再次进行 α- 苦瓜素基因结构分析，其预测的 α- 苦瓜素基因 CDS 序列及编码的氨基酸序列同

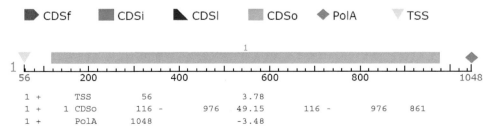

图 3-8　α- 苦瓜素基因结构

FGENESH 预测结果完全一致。

2. α–苦瓜素基因编码氨基酸序列的生物信息学分析

经 FGENESH 分析，α–苦瓜素基因（Y5）编码 286 个氨基酸。ProtParam 软件分析表明，α–苦瓜素蛋白分子式为 $C_{1422}H_{2252}N_{382}O_{419}S_4$，氮端为 Met，相对分子量 31 532.07 kD，理论等电点 pI 为 9.13，负电荷残基（Asp+Glu）为 24 个，正电荷残基（Arg+Lys）为 28 个，脂肪系数为 101.64，总平均亲水性为 0.016；不稳定指数为 29.33，属于稳定蛋白，半衰期大于 10 h。经 ProtScale 软件分析，8 个高分值峰（Scale>1.0），分别分布在 6~19、57~64、85~91、95~96、151~159、171~179、234~236、259~260 等区域，这些区域属于高疏水性，11 个低分值峰（Scale<0），分别分布在 30~39、45~55、77~81、103~113、116~149、182~204、211~220、222~227、229~232、241~251、267~282 等区域，这些区域属于高亲水区域，推测该蛋白为亲水性蛋白。SignalP 4.1 分析结果表明 α–苦瓜素蛋白具有信号肽，属于分泌蛋白，切割位点位于第 23 和第 24 氨基酸之间。采用 TargetP 1.1 对 α–苦瓜素蛋白进行亚细胞定位预测，结果显示 α–苦瓜素蛋白定位在分泌路径（SP 值为 0.934）。经 TMHMM 程序分析，α–苦瓜素蛋白不含跨膜结构域。结合 JPRED4 和 PSIPRED 预测 α–苦瓜素蛋白二级结构显示，α–苦瓜素蛋白包含有 13 处 α–螺旋，12 处 β–折叠，3 处 β–转角。该蛋白 24~265 区间具有核糖体失活蛋白结构域。经 UniProtKB 分析，α–苦瓜素蛋白存在 1 个 RNA N–糖苷酶活性位点，位于第 183 位点。

3. α–苦瓜素蛋白系统进化树分析

α–苦瓜素（Y5）蛋白质序列经 NCBI 数据库比对结果表明，与苦瓜 P16094.2 的序列相似性为 100%，与胶苦瓜（*Momordica balsamina*）的 RIP（3MRW_A）相似性为 94%，与苦瓜 MAP30（AAB35194.2）相似性为 53%，与无棱丝瓜（*Luffa aegyptiaca*）β–丝瓜素（CAA44230.1）相似性为 67%，与无棱丝瓜（*Luffa aegyptiaca*）α–丝瓜素（Q00465.1）相似性为 70%，与有棱丝瓜（*Luffa acutangula*）RIP（P84530.2）的相似性为 72%，与栝楼（*Trichosanthes kirilowii*）karasurin RIP（P24478.2）相似性为 63%，与栝楼天花粉蛋白（TCS）（AAA34206.1）的相似性为 64%，与南瓜（*Cucurbita moschata*）RIP（3BWH_A）的相似性为 59%，与异株泻根（*Bryonia dioica*）RIP（P33185.3）的相似性为 67%。

利用 MEGA 6.06 软件，将 α–苦瓜素蛋白（Y5）与其他 10 种 RIPs 蛋白进行系统发育树构建（图 3-9），结果表明，α–苦瓜素（Y5）蛋白与苦瓜 P16094.2、胶苦瓜3MRW_A核糖体失活蛋白聚为一组，亲缘关系最近。栝楼P24478.2和AAA34206.1，丝瓜CAA44230.1、Q00465.1和P84530.2分别聚为一组，这些RIPs可能由种内基因重复产生。α-苦瓜素蛋白（Y5）与苦瓜AAB35194.2蛋白的亲缘关系较远，表明α-苦瓜素蛋白与MAP30蛋白虽同属RIPs，但分化时间较早。与MAP30相比，栝楼天花粉蛋白AAA34206.1与α-苦瓜素的亲缘关系较近。

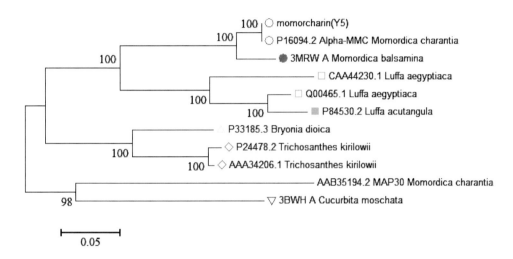

图3-9　苦瓜α-苦瓜素（Y5）与其他物种RIP蛋白的系统进化分析

4. α-苦瓜素基因单倍型分析

以AlphaTD3为引物，以其余34份苦瓜种质基因组DNA为模板进行扩增，回收目的片段进行测序，以α-苦瓜素（Y5）为参考序列进行比对，在α-苦瓜素基因组区域共发现5个SNP位点，分别是+267位点的T/A，+306位点的C/A，+312位点的A/G，+840位点的A/C，+903位点的T/G，5个SNP位点均位于编码区（图3-10）。通过SNP分组发现，35份苦瓜种质资源α-苦瓜素基因共存在5种单倍型。其中Y5、Y7、Y16、Y39、Y58属于第1组；Y43、Y50、Y90、Y101、Y108、Y60、Y66属于第2组；Y113、Y115、Y140、Y141、Y144、Y100、Y112、Y121、Y122、Y134属于第3组；Y77、Y83、Y96、Y131、Y139、Y146、Y147、Y153属于第4组，Y69、Y72、Y85、Y87、Y124属于第5组，第2组存在1个SNP位点，+267位点的T/A；第3组共包括2个SNP位点，分别是+267位点的T/A，+903位点的T/G；第4组共包括5个SNP，分别是+267

位点的 T/A，+306 位点的 C/A，+312 位点的 A/G，+840 位点的 A/C，+903 位点的 T/G；第 5 组共包括 4 个 SNP，分别是 +267 位点的 T/A，+312 位点的 A/G，+840 位点的 A/C，+903 位点的 T/G。其中来源于日本的资源均属于第 1 组，来源于中国广西和斯里兰卡的资源均属于第 3 组，来源于印度的资源均属于第 4 组。

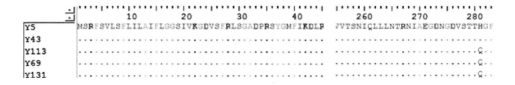

图 3-10　不同苦瓜种质 α- 苦瓜素基因 SNP 分布情况

以 α- 苦瓜素（Y5）编码的蛋白质序列为参考，对 5 种单倍型编码的蛋白质序列进行比对结果显示，共存在 1 个氨基酸变异位点，为第 281 位 H/Q（图 3-11），氨基酸变异位点对应于第 5 个 SNP 位点，第 1、第 2、第 3、第 4 SNP 位点并未引起氨基酸的改变。

图 3-11　不同 α- 苦瓜素基因单倍型编码蛋白质情况

·70·

三、讨论

苦瓜性味苦寒，具有清心涤热、明目解毒之功效。α- 苦瓜素是从苦瓜籽中提取的蛋白，属于 I 型 RIP（Wang et al.，1998），具有 N- 糖苷酶（Fong et al.，1996）、RNA 水解酶（Mock et al.，1996）、DNA 水解酶（Wang et al.，2013）、免疫抑制（Leung et al.，1987）等活性，具有显著的抗病毒（Meng et al.，2014）和抗肿瘤（Bian et al.，2010）功效，吸引了众多研究者的广泛关注和深入研究。

为了进一步明确 α- 苦瓜素完整的基因结构，本试验从苦瓜中克隆出全长 α- 苦瓜素基因序列，包括 60 bp 的 5′ -UTR，72 bp 的 3′ -UTR，861 bp 的 ORF，以往研究多集中在编码区序列，本研究获取的 α- 苦瓜素基因 5′ -UTR 和 3′ -UTR 区可为研究 α- 苦瓜素基因的表达调控奠定基础。α- 苦瓜素蛋白结构分析发现 α- 苦瓜素蛋白存在核糖体失活蛋白结构域和 1 个 RNA N- 糖苷酶活性位点，进一步证明该蛋白属于核糖体失活蛋白。

将 α- 苦瓜素蛋白（Y5）与其他 10 种 RIPs 蛋白进行系统进化分析，结果表明，苦瓜 α- 苦瓜素（Y5）蛋白与苦瓜 P16094.2、胶苦瓜 3MRW_A 聚为一组，亲缘关系最近。其中 P16094.2 为已报道的 α- 苦瓜素蛋白序列（Ho et al.，1991），α- 苦瓜素（Y5）与 P16094.2 的相似性达 100%，进一步验证了本研究克隆的基因为 α- 苦瓜素基因。与葫芦科其他植物的 RIPs 蛋白相比，α- 苦瓜素（Y5）蛋白与丝瓜 RIPs CAA44230.1、Q00465.1 和 P84530.2 的亲缘关系较近，而与苦瓜 MAP30 蛋白的亲缘关系较远。该结果说明不同 RIPs 亲缘关系的远近可能与 RIP 蛋白功能的相似性相关。

通过分析 35 份苦瓜种质 α- 苦瓜素基因序列，共发现 5 个 SNP 位点，5 个 SNP 均位于编码区，通过 SNP 分组发现，35 份苦瓜种质资源共存在 5 种单倍型。其中来源于日本的资源均属于第一组，来源于中国广西和斯里兰卡的资源均属于第三组，来源于印度的资源均属于第四组。该研究结果表明，α- 苦瓜素基因 SNP 变异与来源地存在一定关系，但同样存在来源地相同，SNP 变异不同的情况，这可能是由于长期引种和人工选择的原因造成的。与以往发表的 α- 苦瓜素部分基因序列（X57682.1）、HE582635.1（未发表）、AY804217.1（未发表）相比，其中第 2、第 5 SNP 位点从未报道，第 1 SNP 位点在 X57682.1 和 AY804217.1 中存在，第 3 SNP 位点在 AY804217.1 中存在，第 4 SNP 位点在 AY804217.1 中存在。对 α- 苦瓜素 5 种单倍型编码的蛋白质序列进行比对显示，共存在 1 个氨基酸变异位点，氨基酸变异位点对应于第 5 SNP 位点。该氨基酸变异位点是否影响 α- 苦瓜素蛋白的功能特性还有待于进一步研究。

第四节　苦瓜 α- 苦瓜素基因启动子克隆与单倍型分析

基因表达在转录水平和翻译水平等阶段进行着精密调控（Pino et al.，2007）。启动子是基因表达调控的重要元件（毛娟等，2014），高等植物基因表达主要由启动子与转录因子之间的相互作用来调控，启动子的应答元件决定了基因的特定表达（Butler et al.，2002）。因此，克隆基因启动子序列并对其中的调控元件进行分析是了解基因转录调控表达模式及其调控机制的关键。

苦瓜是一种药食两用的蔬菜（屈玮等，2014），不仅营养价值丰富，而且具有降血糖、调节免疫能力、抗肿瘤和抗病毒等多种功效，受到人们的广泛关注（董英等，2013；Licastro et al.，1980）。α- 苦瓜素最早是由 Ng 等（1986）从苦瓜种子中纯化出来的活性蛋白，属于单链的核糖体失活蛋白家族，它能选择性的杀死绒毛膜癌和黑色素瘤细胞（Tsao et al.，1990），较好地抑制 S-180 实体瘤（Ng et al.，1994）、人乳腺癌（沈富林等，2014）、子宫颈癌（Wang et al.，2013）和鼻咽癌（Liu et al.，2012）细胞增殖。

目前，有关 α- 苦瓜素的研究主要集中在重组表达和药理活性分析，蔡秀清（2005）研究发现重组 α- 苦瓜素对增殖表皮癌细胞有明显的生长抑制效应。欧阳永长（2008）研究表明重组 α- 苦瓜素基因能成功表达出 33 kD 大小的重组蛋白。王书珍（2013）研究证实重组表达的 α- 苦瓜素对尖镰孢和腐皮镰孢、铜绿脓杆菌的生长有较强的抑制作用。Qian 等（2014）研究证明，重组表达 α- 苦瓜素蛋白可以增强水稻对稻瘟病菌的抗性。有关 α- 苦瓜素启动子特征及单倍型的研究鲜有报道。因此，该研究拟克隆 α 苦瓜素基因的上游启动子序列，利用生物信息学分析方法分析潜在的顺式作用元件；分析不同苦瓜种质资源 α- 苦瓜素基因启动子序列 SNP 和 InDel 分布情况，鉴定单倍型，分析不同单倍型之间在顺式作用元件上的差别以及共同点，为进一步阐明 α- 苦瓜素基因的表达调控奠定基础。

一、材料与方法

1. 材料

供试苦瓜材料共 28 份，来源于苦瓜初级核心种质库（刘子记等，2017），其中 3 份来自日本，2 份来自中国广东，1 份来自中国云南，5 份来自中国海南，4 份来自泰国，3 份来自印度，4 份来自中国广西，5 份来自中国福建，1 份来自斯里兰卡（表 3-8）。试验于 2016 年 9 月初在中国热带农业科学院热带作物品种资源研究所试验基地进行，将供试苦瓜种子用 50℃温水处理 30 min，常温浸种 12 h 后，播种于营养钵中，按照常规方法管理。待苦瓜长至 3 叶 1 心时，摘取叶片贮于 -20℃冰箱备用。

表 3-8　供试苦瓜材料

种质编号	来源地区	种质编号	来源地区
Y5、Y7、Y16	日本	Y146、Y147、Y153	印度
Y43、Y50	中国广东	Y112、Y113、Y115、Y121	中国广西
Y100	中国云南	Y122、Y124、Y131、Y134、Y139	中国福建
Y60、Y66、Y69、Y72、Y77	中国海南	Y140	斯里兰卡
Y83、Y85、Y87、Y90	泰国		

2. 方法

（1）基因组 DNA 提取。采用改良的 CTAB 法（刘子记等，2013）提取待测苦瓜材料的基因组 DNA。

（2）α- 苦瓜素启动子序列分离。根据 GenBank α- 苦瓜素编码序列 X57682.1 比对苦瓜基因组序列（Urasaki et al.，2017），该编码序列对应于 Scaffold_175，为了获得 α- 苦瓜素启动子序列，从 α- 苦瓜素基因起始密码子下游 200 bp 内利用软件 Primer 5.0 设计引物（表 3-9），获取起始密码子上游 1.5 kb 左右的序列。以苦瓜材料 Y5 基因组 DNA 为模板进行 PCR 扩增，采用离心柱型琼脂糖凝胶 DNA 回收试剂盒（Omega Gel Extraction Kit，美国）回收目的条带，将目的条带连接到北京全式金生物技术有限公司 pEASY-T5 载体上，转化感受态细胞 Trans1-T1，为了消除测序误差，每个目的条带筛选出 5 个阳性克隆，委托广州英韦创津生物科技有限公司测序。

PCR 反应体系为 20 μL，其中包括 12 μL Premix Taq™（宝生物工程有限公司），1 μmol/L 引物，150 ng 模板 DNA。扩增程序为 94℃预变性 5 min；94℃变性 1 min，55℃退火 1 min，72℃延伸 1.5 min，35 个循环；72℃终延伸 10 min；PCR 产物保存于 10℃。20 μL 扩增产物与 3 μL 上样缓冲液，2 μL UltraPower DNA 染料混合经 1.5% 琼脂糖凝胶于 110 V 电泳 30 min，显色进行带型统计。

表 3-9　扩增 α- 苦瓜素启动子引物序列

引物名称	正向引物序列（5′—3′）	反向引物序列（5′—3′）
MCP1	GGAGTACTCATTGCCTAACTGGA	ACCTCCAAGGAAGATTGCGAG
MCP2	TTGAGGTGTTAGATATTGGA	CCTCCAAGGAAGATTGCGAGA
MCP3	CCGTTACAAAAATCACACCCTCA	AACCTCCAAGGAAGATTGCGA
MCP4	GGAGTACTCATTGCCTAACTGG	ACGAAAGCTAACATCGCCTT
MCP5	TCCGTTACAAAAATCACACCCTC	AACGAAAGCTAACATCGCCT
MCP6	TCCGTTACAAAAATCACACCCT	ACAAACGAAAGCTAACATCGCC
MCP7	CCCCTTTCAATCTCAACAAGGA	GAACCTCCAAGGAAGATTGCG
MCP8	AAACCATGAGCGCCCTTTGA	ACCTCCAAGGAAGATTGCGA

（3）α- 苦瓜素启动子序列分析。利用在线软件 FGENESH 预测 α- 苦瓜素基因转录起始位点。利用 PlantCARE（http：//bioinformatics.psb.ugent.be/webtools/plantcare/html/）在线启动子预测工具分析 α- 苦瓜素启动子序列内部顺式调控元件（Lescot et al.，2002）。

（4）α- 苦瓜素启动子单倍型分析。采用 BioEdit 软件对不同苦瓜种质 α- 苦瓜素启动子序列进行多序列比对、分组，分析 α- 苦瓜素启动子单倍型及调控元件差异。

二、结果与分析

1. α- 苦瓜素基因启动子片段克隆

为了获得 α- 苦瓜素启动子序列，从 α- 苦瓜素基因起始密码子下游 200 bp 内利用软件 Primer 5.0 设计引物，获取起始密码子上游 1.5 kb 左右的序列，共设计 8 对引物。以苦瓜种质 Y5 叶片基因组 DNA 为模板，进行 PCR 扩增，其中引物 MCP2 扩增条带单一，目的片段大小 1600 bp 左右，与预期片段大小吻合，回收特异片段、连接、转化、测序，获得 1620 bp 的序列，经与 α- 苦瓜素编码序列比对发现，起始密码子（ATG）位于 1568 bp 处，且起始密码子下游编码序列完全与α-苦瓜素编码序列相匹配，证明所克隆序列为α-苦瓜素基因上游启动子序列。采用FGENESH预测α-苦瓜素基因转录起始位点，转录起始位点位于1508 bp位点（C），位于起始密码子上游60 bp处。选取转录起始位点上游1500 bp序列进行启动子顺式作用元件分析。

2. α-苦瓜素基因启动子序列分析

利用PlantCARE在线启动子预测工具分析α-苦瓜素基因启动子序列发现，α-苦瓜素基因启动子序列中存在多个顺式作用元件（表3-10）。其中上游1491（-6）～ 1494（-9）bp位置含有1个TATA-box，即RNA聚合酶结合位点，能够保证转录起始的准确性。1419（-81）～ 1421（-78）bp位置含有1个CAAT-box，主要调控转录起始的频率。另外，发现多个光响应元件，如ATC-motif、Box 4、Box Ⅰ、Box Ⅱ、G-Box、GA-motif等。植物激素响应元件，如赤霉素响应元件TATC-box。特异表达元件，如胚乳表达元件GCN4_motif和Skn-1_motif，芽特异表达元件as-2-box。防御与胁迫响应元件，如TC-rich repeats、茉莉酸响应元件CGTCA-motif和TGACG-motif、水杨酸响应元件TCA-element、热胁迫响应元件HSE、干旱诱导MYB结合位点MBS。厌氧诱导元件，如ARE。昼夜节律调控响应元件，如circadian。预测结果表明，该启动子可能参与光、厌氧、逆境胁迫、水杨酸、茉莉酸和赤霉素等诱导表达，同时它还可能参与昼夜节律调控和醇溶蛋白代谢调控。

表3-10 α-苦瓜素基因启动子顺式作用元件

元件名称	颜色	基序序列	个数	生物学功能
5UTR Py-rich stretch	■	TTTCTTCTCT	1	与高转录水平相关的顺式作用元件
ARE	■	TGGTTT	1	厌氧诱导必需的顺式调控元件
ATC-motif	■	AGTAATCT	1	光响应保守的DNA模块
Box 4	■	ATTAAT	3	光响应保守的DNA模块
Box I	■	TTTCAAA	1	光响应原件
Box II	■	GTGAGGTAATAT	1	光响应原件
CAAT-box	■	CAAT	40	启动子和增强子普遍存在的顺式调控元件
CGTCA-motif	■	CGTCA	1	茉莉酸响应原件
G-Box	■	CACACATGGAA	1	光响应原件
GA-motif	■	AAAGATGA	2	光响应原件
GCN4_motif	■	CAAGCCA	1	胚乳表达顺式调控元件

（续表）

元件名称	颜色	基序序列	个数	生物学功能
HSE		AAAAAATTTC	4	热胁迫响应原件
MBS		TAACTG	2	干旱诱导 MYB 结合位点
O2-site		GATGACATGA	1	醇溶蛋白代谢调控原件
Skn-1_motif		GTCAT	1	胚乳表达顺式调控元件
TATA-box		TATA	74	核心启动子元件
TATC-box		TATCCCA	1	赤霉素响应元件
TC-rich repeats		GTTTTCTTAC	1	防御与胁迫响应顺式元件
TCA-element		CCATCTTTTT	1	水杨酸响应元件
TGACG-motif		TGACG	1	茉莉酸响应元件
as-2-box		GATAatGATG	1	嫩芽特异表达和光响应原件
circadian		CAANNNNATC	1	昼夜节律控制顺式调控元件

3.α- 苦瓜素基因启动子单倍型分析

以 MCP2 为引物，以其余 27 份苦瓜种质基因组 DNA 为模板进行扩增，回收目的片段进行测序，以 α- 苦瓜素（Y5）启动子序列为参考序列进行比对，共发现 24 个 SNP 位点和 1 个 InDel，SNP 位点分别是 119 位点的 T/C，140 位点的 C/A，155 位点的 A/G，183 位点的 T/C，254 位点的 C/G，277 位点的 C/T，348 位点的 A/G，374 位点的 G/A，466 位点的 C/T，530 位点的 T/G，537 位点的 A/G，570 位点的 T/A，591 位点的 G/T，602 位点的 C/T，691 位点的 C/T，774 位点的 G/C，861 位点的 G/T，918 位点的 G/C，1051 位点的 A/G，1224 位点的 C/A，1252 位点的 T/C，1277、1278 位点的 TT/CA，1352 位点的 A/G。1 个 InDel 位点为 222 位点的 A/-（图 3-12）。通过 SNP 分组发现，28 份苦瓜种质资源 α- 苦瓜素基因启动子共存在 4 种单倍型。Y5、Y7、Y16、Y43、Y50、Y90 属于第 1 组，Y113、Y115、Y140 属于第 2 组，Y60、Y66、Y77、Y83、Y100、Y112、Y121、Y122、Y134 属于第 3 组，Y69、Y72、Y85、Y87、Y124、Y131、Y139、Y146、Y147、Y153 属于第 4 组。结合顺式调控元件预测结果，3 个 SNP（374 位点的 G/A，691 位点的 C/T，1352 位点的 A/G）位于顺式元件 MBS、GA-motif、Skn-1_motif 内部，SNP 导致预测的转录因子结合位点发生改变，可能对 α- 苦瓜素基因的表达调控有重要作用。

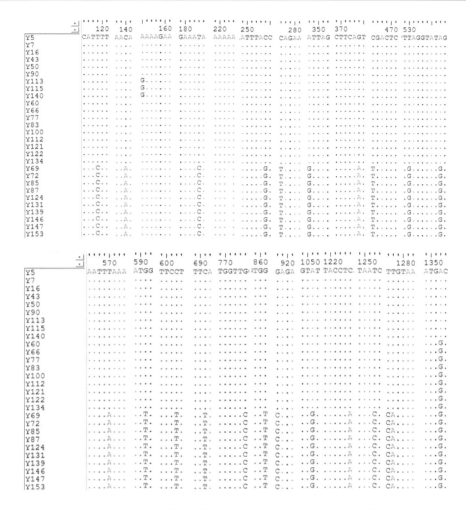

图 3-12 α- 苦瓜素基因启动子序列 SNP 和 InDel 分布

三、讨论

核糖体失活蛋白（RIPs）是一类主要存在于植物中具有 RNA N- 糖苷酶活性的毒蛋白，能够破坏延伸因子与核糖体的结合，将蛋白质的生物合成抑制在延伸阶段的蛋白质家族（Stirpe et al.，1992）。α- 苦瓜素属于 I 型核糖体失活蛋白，表现出多样的生物活性，作为具有开发价值的蛋白质，α- 苦瓜素抗肿瘤、抗病毒和抗真菌的活性受到研究者更多的关注。

真核生物基因的表达调控分为转录水平调控和翻译水平调控等。转录调控依赖于转录因子和顺式作用元件之间的相互作用来实现（Valerie et al.，2013）。外界环境条件变化时会激发转录因子的表达，转录因子特异性结合下游基因启动子序列中的顺式作用元件，调控下游相关基因的表达（Lee et al., 2013）。启动子结构分析是探求基因表达调控机制的重要部分，作为转录激活过程中起发动作用的特异 DNA 序列，直接影响基因的表达（黄玉等，2010）。本研究选取 α- 苦瓜素基因 TSS 上游 1500 bp 的序列作为启动子序列进行了研究。利用生物信息学分析手段，对启动子进行了结构预测，分析结果发现该启动子除含有植物启动子所具有的 CAAT-box 和 TATA-box 等基本的顺式作用元件外，该启动子与光响应密切相关，22 个元件中与光响应相关的有 7 个，占 31.8%，进而推测光在 α- 苦瓜素基因表达过程中具有重要作用。

α- 苦瓜素启动子区域含有多个逆境胁迫、水杨酸、茉莉酸响应元件，这可能与 α- 苦瓜素抗病毒、抗真菌、抗虫的活性相关（Zhu et al., 2013；凌冰等，2009；魏周玲等，2017），因此推测，外界环境的变化可能会通过启动子区域上的这些顺式作用元件激活 α- 苦瓜素基因的表达，从而调控苦瓜对病原菌的防御和逆境的胁迫。另外，α- 苦瓜素启动子含有与胚乳表达相关的调控元件，推测 α- 苦瓜素在种子中高效表达，这与以往研究一致，以往研究证明苦瓜种子中 α- 苦瓜素含量较高，相关研究多从苦瓜种子中提取苦瓜素（Fang et al., 2011；Mock et al., 1996；Fang et al., 2011）。

本研究以 28 份苦瓜种质为材料，分析了 α- 苦瓜素启动子区域 SNP 和 InDel 分布情况，共发现 24 个 SNP 位点和 1 个 InDel，通过 SNP 分组发现，28 份苦瓜种质资源 α- 苦瓜素基因启动子共存在 4 种单倍型。结合顺式调控元件预测结果，3 个 SNP 位于转录因子结合位点，转录因子结合位点发生改变，可能对 α- 苦瓜素基因的表达调控有重要影响。在下一步的研究计划中，将开展不同单倍型与 α- 苦瓜素表达水平的相关性分析。

第四章

苦瓜菜谱

第一节　苦瓜香炒肉片

材料

苦瓜、瘦肉、洋葱、蒜、植物油、盐。

做法

（1）苦瓜洗净去瓤切块，洋葱洗净切片，蒜洗净拍碎。

（2）瘦肉洗净切薄片。

（3）锅中放少许植物油，待五成热时，放入肉片翻炒。

（4）待肉片表面煎黄且微微出油后加入蒜末。

（5）爆香后加入洋葱片、苦瓜块，翻炒2分钟，加入少量的盐调味即可（图4-1）。

图 4-1　苦瓜香炒肉片

第二节　苦瓜炒鱿鱼

材料

鱿鱼、苦瓜、姜、葱、植物油、盐、十三香。

做法

（1）鱿鱼洗净切块；苦瓜洗净去瓤切片；姜洗净切片；葱洗净切段。

（2）锅中放水，水开后放入鱿鱼片，焯烫2分钟后捞出沥干水分。

（3）锅中放水，水开后放入苦瓜片焯水1分钟，捞出沥干水分。

（4）锅中放入少许植物油，待七成热时，放入姜片、葱段爆香。

（5）加入鱿鱼块和苦瓜片翻炒均匀，放入十三香、盐进行调味即可（图4-2）。

图4-2　苦瓜炒鱿鱼

第三节　苦瓜香煎蛋

材料

苦瓜、鸡蛋、植物油、盐、鸡精。

做法

（1）苦瓜洗净，去瓤切薄片。

（2）鸡蛋打匀打散，放入适量盐和鸡精。

（3）将苦瓜片倒入鸡蛋液中，搅拌均匀。

（4）煎锅放植物油烧至五成热，倒入苦瓜鸡蛋液，摊匀。

（5）待双面煎黄时盛出即可（图4-3）。

图4-3 苦瓜香煎蛋

第四节 冰镇苦瓜片

材料

苦瓜、蒜、香菜、生抽、醋。

做法

（1）苦瓜洗净，去瓤，切薄片。

（2）盘中放入冰块，将苦瓜片均匀铺在冰块上。

（3）蒜切末，香菜洗净切碎，加入生抽、醋，搅拌匀匀，蘸食即可（图4-4）。

图4-4 冰镇苦瓜片

第五节 豉椒拌苦瓜

材料

苦瓜、青椒、蒜、豆豉、盐、香油、植物油。

做法

（1）苦瓜洗净去瓤，切成薄片；青椒洗净切丝。

（2）锅中加水，待水开后，放入苦瓜片和青椒丝，焯水半分钟，捞出，过凉水，沥干水分。

（3）蒜、豆豉切末。

（4）锅中加入适量植物油，待油五成热时，放入蒜、豆豉末，炒香。

（5）将炒香后的蒜、豆豉末淋在苦瓜片上，添加适量盐、香油调味即可（图4-5）。

图4-5 豉椒拌苦瓜

第六节 苦瓜炒鸡丝

材料

鸡胸肉、苦瓜、盐、黑胡椒粉、葱、植物油。

做法

（1）鸡胸肉洗净切丝，撒上少许黑胡椒粉。

（2）苦瓜洗净，去瓤切片；葱洗净切碎。

（3）锅中放水，待水开后，放入苦瓜片，焯水1分钟，捞出沥干水分。

（4）锅中放入适量植物油，待油五成热时，放入葱花爆香。

（5）倒入鸡肉丝煸炒2分钟。

（6）放入苦瓜片进行翻炒，放入少许盐调味即可（图4-6）。

图4-6　苦瓜炒鸡丝

第七节　酿苦瓜

材料

苦瓜、猪瘦肉、植物油、盐、生抽、香葱。

做法

（1）苦瓜洗净切段，去瓤；香葱洗净切末。

（2）猪瘦肉剁碎，放入盐、生抽、植物油、葱末拌匀腌制10分钟。

（3）将拌匀的馅，放入苦瓜腔中。

（4）将酿好的苦瓜放入盘中。

（5）隔水蒸15分钟即可（图4-7）。

图 4-7 酿苦瓜

第八节 苦瓜炒牛肉

图 4-8 苦瓜炒牛肉

材料

苦瓜、牛肉、盐、植物油、鸡精、料酒、生抽。

做法

（1）牛肉洗净切片，放入生抽、料酒腌制 10 分钟。

（2）苦瓜洗净去瓤，切薄片。

（3）锅里放入适量植物油，待油五成热时，放入腌制好的牛肉片进行翻炒。

（4）待牛肉转色后倒入苦瓜片，待苦瓜片变软后，加入盐、鸡精调味即可（图 4-8）。

第九节　肉末苦瓜

材料

苦瓜、猪肉、蒜、小米椒、植物油、盐、鸡精、生抽。

做法

（1）苦瓜洗净去瓤，切成薄片。

（2）猪肉洗净剁碎；蒜和小米椒洗净切末。

（3）锅中放水，待水开后，放入苦瓜片焯水1分钟，捞出，沥干水分，摆入盘中。

（4）锅中放入适量植物油，油五成热时，放入猪肉末翻炒至变色，加入蒜和小米椒末爆炒出香味。

（5）加入盐、鸡精、生抽调味，铺在苦瓜片中间即可（图4-9）。

图4-9　肉末苦瓜

第十节　蒜蓉豆豉苦瓜

材料

苦瓜、蒜、豆豉、盐、鸡精、植物油。

做法

（1）蒜和豆豉切末备用。

（2）苦瓜洗净，去瓤，切成薄片。

（3）锅内加入适量植物油，待油五成热时，下蒜末、豆豉末炒香。

（4）加入苦瓜片翻炒1分钟。

（5）放入盐和鸡精调味即可（图4-10）。

图4-10　蒜蓉豆豉苦瓜

第十一节　辣酱拌苦瓜

图4-11　辣酱拌苦瓜

材料

苦瓜、芝麻油、盐、生抽、辣酱。

做法

（1）苦瓜洗净，去瓤，切条。

（2）锅中加水，待水开后，放入苦瓜条，焯水1分钟，捞出，沥干水分。

（3）碟中放入辣酱、盐、生抽、芝麻油，搅拌均匀。

（4）将麻辣汁淋在苦瓜条上即可（图4-11）。

第十二节　白灼苦瓜

材料

苦瓜、植物油、盐、生抽、蒜、红尖椒、姜。

做法

（1）苦瓜洗净，去瓤，切条；蒜、姜洗净切末；红尖椒切段。

（2）锅中放水，待水开后，放入苦瓜条，焯水1分钟，捞出，沥干水分。

（3）锅中放入植物油，待油五成热时，放入蒜姜末、红尖椒段煸香。

（4）加入适量盐、生抽调成料汁。

（5）将料汁淋在苦瓜条上即可（图4-12）。

图4-12　白灼苦瓜

第十三节　木耳拌苦瓜

材料

木耳、苦瓜、蒜、生抽、醋、盐、芝麻油、红椒。

做法

（1）木耳提前泡发。

（2）苦瓜洗净去瓤切片。

（3）蒜、红椒洗净切末。

（4）锅中放水，待水开后，放入木耳焯水2分钟，捞出沥干水分，切丝。

（5）锅中放水，待水开后，放入苦瓜片，焯水1分钟，过冷水，沥干水分。

（6）把苦瓜片、木耳丝、蒜末、辣椒末放入盘中，加入生抽、醋、盐、芝麻油，拌匀即可（图4-13）。

图4-13　木耳拌苦瓜

第十四节　干煸苦瓜

图4-14　干煸苦瓜

材料

苦瓜、干辣椒、蒜、花椒、葱、姜、盐、植物油。

做法

（1）苦瓜洗净去瓤切条，放适量盐腌出水分，冲去盐分，沥干水分备用。

（2）干辣椒洗净切段，蒜洗净拍碎，葱洗净切段，姜洗净切片。

（3）锅中放入适量的植物油，待油五成热时，放入干辣椒段、蒜末、花椒、葱段、姜片爆香。

（4）放入苦瓜条，大火爆炒，加入适量盐调味即可（图4-14）。

第十五节　豆豉鲮鱼炒苦瓜

材料

苦瓜、豆豉鲮鱼、蒜、盐、鸡精、植物油。

做法

（1）苦瓜洗净去瓤切薄片。

（2）蒜洗净切末，将豆豉鲮鱼撕成小块。

（3）锅内放入适量植物油，待油五成热时，放入蒜末、鲮鱼块炒香。

（4）放入苦瓜片大火翻炒至变软。

（5）放入盐和鸡精调味即可（图4-15）。

图4-15　豆豉鲮鱼炒苦瓜

第十六节　苦瓜炒火腿

材料

苦瓜、火腿、植物油、葱、红辣椒、酱油、盐、十三香。

做法

（1）苦瓜洗净，去瓤，切片；葱、红辣椒切段；姜洗净切片。

（2）火腿切片。

（3）锅中放水，待水开后，放入苦瓜片，焯水1分钟，捞出，沥干水分。

（4）锅中放适量植物油，待油五成热时，放入葱段，红辣椒段、姜片爆香。

（5）放入火腿片、十三香、酱油，翻炒均匀。

（6）放入苦瓜片，翻炒均匀，加入适量盐进行调味即可（图4-16）。

图4-16　苦瓜炒火腿

第十七节　苦瓜紫薯圈

材料

苦瓜、紫薯、蜂蜜。

做法

（1）苦瓜洗净切去两头，用筷子去瓤。

（2）紫薯蒸熟加适量蜂蜜碾压成泥。

（3）把紫薯泥装入苦瓜腔里。

（4）苦瓜切段，摆入盘里，隔水蒸5分钟即可（图4-17）。

图 4-17　苦瓜紫薯圈

第十八节　清炒苦瓜

材料

苦瓜、盐、植物油。

做法

（1）苦瓜洗净去瓤切片。

图 4-18　清炒苦瓜

（2）锅中放入适量植物油，待油五成热时，放入苦瓜片进行翻炒。

（3）待苦瓜片变软后，加入适量盐调味即可（图4-18）。

第十九节　苦瓜焖鸭

材料

鸭肉、苦瓜、蒜、植物油、盐、姜、料酒、葱、酱油。

做法

（1）苦瓜洗净去瓤切厚片；姜洗净切片；葱洗净切段；蒜洗净拍碎。

（2）鸭肉洗净斩块。

（3）锅中放适量植物油，待油五成热时，放入姜片、蒜末、葱段爆香。

（4）倒入鸭块，加入料酒和酱油，翻炒均匀。

（5）锅中加入适量热水，盖上锅盖焖煮20分钟。

（6）倒入苦瓜块，继续焖煮5分钟，加入适量盐调味即可（图4-19）。

图4-19　苦瓜焖鸭

第二十节　苦瓜炒核桃仁

材料

苦瓜、胡萝卜、核桃仁、盐、植物油、葱、姜、盐。

做法

（1）苦瓜洗净去瓤切成薄片；胡萝卜洗净切丝；姜洗净切片；葱洗净切段。

（2）锅中放水，待水开后，倒入苦瓜片，焯水1分钟，捞出沥干水分备用。

（3）锅中放入植物油，待油五成热时，放入姜片、葱段爆香。

（4）放入核桃仁，小火煸香。

（5）放入胡萝卜丝和苦瓜片，进行翻炒。

（6）加入盐和鸡精调味即可（图4-20）。

图4-20　苦瓜炒核桃仁

第二十一节　苦瓜红烧肉

材料

猪肉、苦瓜、冰糖、姜、八角、香叶、桂皮、植物油、盐。

做法

（1）苦瓜洗净去瓤切大块；姜洗净切片。

（2）猪肉洗净切块。

（3）锅中放水，猪肉冷水下锅，待水开后，焯烫2分钟，洗去浮沫，沥干水分备用。

（4）锅中放入少许植物油，将肉块放入锅中翻炒。

（5）煸炒至肉块微微出油，且表面微微发黄时，放入姜片、冰糖、八角、香叶、桂皮进行翻炒。

（6）加入适量开水，焖煮20分钟。

（7）放入苦瓜块继续焖煮5分钟。

（8）加入适量的盐调味，大火收汁即可（图4-21）。

图4-21　苦瓜红烧肉

第二十二节　苦瓜炒虾仁

材料

苦瓜、干虾仁、姜、植物油、盐。

做法

（1）苦瓜洗净去瓤切薄片；姜洗净切片。

（2）干虾仁提前浸泡1小时。

（3）锅中放入适量植物油，待油五成热后，放入姜片爆香。

（4）放入虾仁，煸炒出香味。

（5）放入苦瓜片，进行翻炒。

（6）加入少许盐调味即可（图4-22）。

图 4-22　苦瓜炒虾仁

第二十三节　苦瓜烧鸡腿

材料

苦瓜、鸡腿、蒜、姜、植物油、盐、料酒、酱油。

做法

（1）苦瓜洗净去瓤切块；蒜洗净拍碎；姜洗净切片。

（2）鸡腿洗净斩块。

（3）锅中放入适量植物油，待油五成热时，放入姜片、蒜末爆香。

（4）放入鸡腿块、料酒、酱油进行翻炒。

图 4-23　苦瓜烧鸡腿

（5）放入适量开水进行焖煮15分钟。

（6）放入苦瓜块，大火收汁，加入盐进行调味即可（图4-23）。

第二十四节　虾仁酿苦瓜

材料

苦瓜、鲜虾仁、猪肉馅、蚝油、生抽。

做法

（1）苦瓜洗净切段，去瓤。

（2）将准备好的猪肉馅、鲜虾仁、耗油、生抽搅拌均匀。

（3）将准备好的馅料放入苦瓜段中。

（4）将苦瓜段摆进盘中，隔水蒸10分钟即可（图4-24）。

图4-24　虾仁酿苦瓜

第二十五节　苦瓜炒猪肝

材料

苦瓜、猪肝、植物油、盐、酱油、料酒、蒜、干辣椒。

做法

（1）猪肝洗净后切片用料酒、盐、酱油腌制 15 分钟。

（2）苦瓜洗净去瓤切片；蒜洗净拍碎；干辣椒切段。

（3）锅中放入适量植物油，待油五分热时，放入蒜末、干辣椒段爆香。

（4）放入苦瓜片进行翻炒。

（5）滑入腌制好的猪肝进行翻炒。

（6）待猪肝变色后，加入适量盐进行调味即可（图 4-25）。

图 4-25　苦瓜炒猪肝

第二十六节　苦瓜炒豆腐

材料

苦瓜、豆腐、盐、植物油、酱油。

做法

（1）苦瓜洗净去瓤切片。

（2）豆腐切小块。

（3）锅中加入植物油，待油五成热时，放入豆腐块煎至双面金黄，盛出备用。

（4）锅中放入少许植物油，待油五成热时，放入苦瓜片进行翻炒。

（5）加入豆腐块进行翻炒，然后加入盐和酱油调味即可（图4-26）。

图4-26　苦瓜炒豆腐

第二十七节　糖醋苦瓜

图4-27　糖醋苦瓜

材料

苦瓜、蒜、醋、糖、生抽、盐、植物油。

做法

（1）苦瓜洗净去瓤切小块。

（2）锅中放入适量植物油，待油五成热时，放入蒜末爆香。

（3）放入苦瓜小块、醋、糖、生抽、盐进行翻炒。

（4）待苦瓜块变软后盛出即可（图4-27）。

第二十八节　苦瓜拌豆皮

材料

苦瓜、豆腐皮、盐、醋、生抽、辣椒油、大蒜、芝麻油。

做法

（1）苦瓜洗净去瓤切片。

（2）豆腐皮提前泡发，切条。

（3）大蒜洗净拍碎。

（4）锅中放水，待水开后，放入苦瓜片和豆腐皮，焯烫1分钟，捞出过冷水，沥干水分。

（5）将苦瓜片、豆腐皮放入碗内，调入盐、醋、生抽、辣椒油、蒜末、芝麻油拌匀即可（图4-28）。

图4-28　苦瓜拌豆皮

第二十九节　香葱苦瓜圈

材料

苦瓜、面粉、小葱、椒盐粉、植物油。

做法

（1）苦瓜洗净去瓤切圈。

（2）小葱洗净切碎。

（3）面粉里加适量的水，调成糊状，加入葱末和椒盐粉。

（4）锅里倒入植物油，待油烧至 5 成热时，将苦瓜圈放入拌匀的面糊中。

（5）待苦瓜圈均匀裹上面糊，放入油锅中炸制。

（6）待苦瓜圈炸至金黄色即可（图 4-29）。

图 4-29　香葱苦瓜圈

第三十节　排骨黄豆焖苦瓜

材料

苦瓜、黄豆、排骨、蒜、植物油、盐、鸡精、胡椒粉。

做法

（1）黄豆用清水浸泡 2 小时。

（2）排骨洗净斩块，用胡椒粉、植物油腌制备用。

（3）苦瓜洗净去瓤切块；大蒜洗净拍碎。

（4）锅中倒入适量植物油，待油五成热时，放入蒜末爆香。

（5）倒入腌制好的排骨进行翻炒。

（6）加入适量开水，放入浸泡好的黄豆，焖煮 20 分钟。

（7）倒入苦瓜块，继续焖煮 10 分钟，调入盐、鸡精收汁即可（图 4-30）。

图 4-30　排骨黄豆焖苦瓜

第三十一节　苦瓜炒鱼丸

材料

苦瓜、鱼丸、葱、姜、胡椒粉、料酒、盐、植物油。

做法

（1）苦瓜洗净去瓤切片；葱姜洗净切末。

（2）锅中放入植物油，待油五成热时，放入葱姜末炒香。

（3）放入苦瓜片翻炒。

（4）加入适量开水，放入鱼丸。

（5）加入胡椒粉、料酒。

（6）大火收汁，加入盐调味即可（图 4-31）。

图 4-31　苦瓜炒鱼丸

第三十二节　苦瓜炒年糕

图 4-32　苦瓜炒年糕

材料

苦瓜、年糕、植物油、蒜、盐。

做法

（1）苦瓜洗净去瓤切片，蒜切片，年糕掰开备用。

（2）锅中放植物油，待油五成热时，放入蒜片爆香。

（3）放入年糕翻炒。

（4）放入苦瓜片炒至苦瓜断生，放盐调味即可（图 4-32）。

第三十三节　苦瓜焖马鲛鱼

材料

苦瓜、马鲛鱼、姜、生抽、盐、鸡精、植物油。

做法

（1）马鲛鱼洗净环切。

（2）苦瓜切段，焯水备用。姜洗净切片。

（3）锅中放入植物油，待油五成热时，下入马鲛鱼片，两面煎至金黄。

（4）放入苦瓜段、姜片、生抽、适量加水。

（5）小火焖至苦瓜软熟，加盐、鸡精调味即可（图4-33）。

图4-33　苦瓜焖马鲛鱼

第三十四节　苦瓜拌花生

材料

苦瓜、花生米、芝麻油、盐、花椒、姜片、八角。

做法

（1）花生米浸泡在清水里2小时；姜洗净切片。

（2）将泡好的花生米倒入锅内，加适量水，放入花椒、姜片、八角。

（3）中火煮半小时，捞出沥干水分。

（4）苦瓜洗净去瓤切成小丁。

（5）锅中放水，待水开时，放入苦瓜丁，焯烫1分钟捞出沥干水分。

（6）将苦瓜丁、煮好的花生米、芝麻油、盐放入盆中拌匀即可（图4-34）。

图4-34　苦瓜拌花生

第三十五节　苦瓜炒山药

材料

苦瓜、胡萝卜、山药、植物油、盐、胡椒粉、蒜。

做法

（1）苦瓜洗净去瓤切片；胡萝卜、山药去皮洗净切片；蒜洗净拍碎。

（2）锅中加入适量的水烧开，放入苦瓜片焯水1分钟捞出沥干水分。

（3）锅中加入适量植物油，待油五成热时，放入蒜末爆香。

（4）加入胡萝卜片、山药片翻炒至断生。

（5）加入苦瓜片翻炒均匀，加入盐和胡椒粉调味即可（图4-35）。

图 4-35　苦瓜炒山药

第三十六节　苦瓜梅干菜

材料

苦瓜、梅干菜、植物油、酱油、盐。

做法

（1）将苦瓜洗净去瓤切段；梅干菜洗净切碎。

（2）锅中放水，待水开后，放入苦瓜段，焯水1分钟捞出沥干水分。

（3）锅中放入适量植物油，待油五成热时，放入梅干菜炒香。

（4）放入酱油、盐，翻炒均匀。

（5）将炒好的梅干菜淋在苦瓜段上即可（图4-36）。

图 4-36　苦瓜梅干菜

第三十七节　梅子拌苦瓜

材料

苦瓜、梅子蜜饯、梅粉。

做法

（1）苦瓜洗净去瓤切片；梅子蜜饯切碎。

（2）锅中放水，待水开后，放入苦瓜片，焯烫1分钟捞出过冷水沥干水分。

（3）苦瓜片中拌入梅子蜜饯粒，撒上梅粉，搅拌均匀，腌制10分钟即可（图4-37）。

图4-37　梅子拌苦瓜

第三十八节　酱烧苦瓜

材料

苦瓜、五花肉、蒜、葱、红辣椒、料酒、植物油、盐、豆瓣酱。

做法

（1）苦瓜洗净去瓤切大块；蒜洗净拍碎；葱、红辣椒洗净切碎。

（2）五花肉洗净切丁。

（3）锅中放入植物油，待油五成热时，放入蒜末、葱花、豆瓣酱、红辣椒炒香。

（4）放入五花肉粒、料酒，翻炒均匀。

（5）放入苦瓜块和适量开水，焖煮10分钟。

（6）大火收汁，加入盐调味，撒上部分葱花即可（图4-38）。

图4-38　酱烧苦瓜

第三十九节　麻酱拌苦瓜

材料

苦瓜、芝麻酱、蒜、红辣椒、醋、盐。

做法

（1）苦瓜洗净去瓤切薄片；蒜、红辣椒洗净切末。

（2）锅中放水，待水开后，放入苦瓜片，焯烫1分钟，捞出过冷水沥干水分。

（3）淋上芝麻酱，加入蒜末、辣椒碎、醋、盐调味即可（图4-39）。

图4-39　麻酱拌苦瓜

第四十节　苦瓜炒鲍菇

材料

苦瓜、杏鲍菇、蒜、姜、植物油、盐、生抽。

做法

（1）苦瓜洗净去瓤切片；杏鲍菇洗净切片；蒜姜洗净切末。

（2）锅中放水，待水开后，下入苦瓜片，焯水1分钟捞出沥干水分装盘备用。

（3）锅中放入植物油，待油五成热时，下入蒜姜末爆香。

（4）放入杏鲍菇片、生抽进行翻炒，用盐调味。

（5）将炒好的杏鲍菇片铺在苦瓜片上即可（图4-40）。

图4-40　苦瓜炒鲍菇

第四十一节　柠檬拌苦瓜

材料

苦瓜、柠檬、糖。

做法

（1）苦瓜洗净去瓤切片；柠檬切片。

（2）锅中放水，待水开后，放入苦瓜片，焯烫 1 分钟捞出过凉水沥干水分。

（3）将柠檬片、糖、苦瓜片拌匀，冰镇半小时即可（图 4-41）。

图 4-41　柠檬拌苦瓜

第四十二节　糊辣苦瓜

材料

苦瓜、红辣椒、花椒、蒜、姜、洋葱、鸡精、豆豉、酱油、醋、盐、淀粉。

做法

（1）苦瓜洗净去瓤切小段；红辣椒切段；蒜姜洗净切末；洋葱洗净切块。

（2）将酱油、醋、鸡精、淀粉调成芡汁。

（3）锅中放入适量植物油，待油五成热时，放入红辣椒、花椒、蒜姜末、洋葱块、豆豉爆香。

图 4-42　糊辣苦瓜

（4）倒入苦瓜小段进行翻炒，倒入芡汁，用盐调味，大火收汁即可（图 4-42）。

第四十三节　苦瓜沙拉

材料

苦瓜、芒果、番石榴、苹果、沙拉酱。

做法

（1）苦瓜洗净去瓤切小块；芒果去皮切小块；番石榴洗净去皮切小块；苹果洗净切小块。

（2）锅中放水，待水开后，放入苦瓜小块，焯烫1分钟捞出沥干水分。

（3）将苦瓜小块、芒果小块、番石榴小块、苹果小块拌匀排在盘子里。

（4）挤上沙拉酱拌匀即可（图4-43）。

图4-43　苦瓜沙拉

第四十四节　苦瓜炒莲藕

材料

苦瓜、莲藕、葱、植物油、盐、鸡精。

做法

（1）苦瓜洗净去瓤切片；莲藕洗净去皮切片，葱洗净切碎。

（2）锅中放入适量植物油，待油五成热时，放入葱花爆香。

（3）放入莲藕片翻炒2分钟。

（4）放入苦瓜片进行翻炒，加入适量盐、鸡精进行调味即可（图4-44）。

图4-44　苦瓜炒莲藕

第四十五节　泡菜拌苦瓜

材料

苦瓜、泡菜、芝麻油。

做法

（1）苦瓜洗净去瓤切片；泡菜切段。

（2）锅中放水，待水开后，放入苦瓜片，焯水1分钟，捞出过冷水沥干水分放入盘中。

（3）放入泡菜段、芝麻油、盐，拌匀即可（图4-45）。

图4-45　泡菜拌苦瓜

第四十六节　苦瓜清炒马蹄

材料

苦瓜、马蹄、植物油、盐、鸡精。

做法

（1）苦瓜洗净去瓤切片；马蹄洗净去皮切片。

（2）锅中放入适量植物油，待油五成热时，放入马蹄片、苦瓜片进行翻炒。

（3）加入盐、鸡精调味即可（图4-46）。

图 4-46　苦瓜清炒马蹄

第四十七节　苦瓜拌西芹

材料

苦瓜、西芹、红辣椒、芝麻油、蒜、盐。

做法

（1）苦瓜洗净去瓤切片；西芹洗净切片；蒜洗净拍碎；红辣椒切段。

（2）锅中放水，待水开后，放入苦瓜片，焯烫1分钟，捞出过凉水沥干水分。

（3）锅中放水，待水开后，放入西芹片，焯烫1分钟，捞出过凉水沥干水分。

（4）将苦瓜片、西芹片、红辣椒段放入盘中，加入芝麻油、蒜末、盐拌匀即可（图4-47）。

图4-47　苦瓜拌西芹

第四十八节　苦瓜爆炒梅干菜

材料

苦瓜、梅干菜、蒜、盐、植物油、味精。

做法

（1）苦瓜洗净去瓤切片；梅干菜切碎；蒜洗净拍碎。

（2）锅中放入植物油，待油七成热时，放入蒜末爆香。

（3）放入梅干菜，快速翻炒至出香味。

（4）放入苦瓜片，快速翻炒1分钟，加盐、味精调味即可（图4-48）。

图4-48　苦瓜爆炒梅干菜

第四十九节　葱油苦瓜片

材料

苦瓜、洋葱、植物油、花椒、盐、味精。

做法

（1）苦瓜洗净去瓤切皮；洋葱洗净切片。

（2）锅中放水，待水开后，放入苦瓜片，焯烫1分钟捞出过冷水沥干水分装盘。

（3）将洋葱片放在苦瓜片上，撒上适量盐。

（4）锅中放入适量植物油，待油七成热时，放入花椒，炸出香味。

（5）迅速将热油浇在洋葱片上，加入味精调味即可（图4-49）。

图4-49　葱油苦瓜片

第五十节　苦瓜爆墨鱼

材料

苦瓜、墨鱼、葱、植物油、胡椒粉、盐、生抽。

做法

（1）苦瓜洗净去瓤切细条；葱洗净切碎。

（2）墨鱼去墨汁、骨洗净，切丝。

（3）锅中放水，待水开后，放入苦瓜条，焯烫 1 分钟捞出备用。

（4）锅中放水，待水开后，放入墨鱼丝，焯烫 1 分钟冲去浮沫。

（5）锅中放入植物油，待油五成热时，放入葱花爆香。

（6）放入墨鱼丝，迅速翻炒。

（7）放入苦瓜条、生抽翻炒均匀，加入盐、胡椒粉调味即可（图 4-50）。

图 4-50　苦瓜爆墨鱼

第五十一节　苦瓜银鱼干

材料

苦瓜、银鱼干、盐、植物油、姜。

做法

（1）苦瓜洗净去瓤切片；姜洗净切丝。

（2）银鱼干洗净沥干水分。

（3）锅中放入植物油，待油五成热时，放入姜丝爆香。

（4）放入银鱼干进行翻炒，煸炒出香味。

（5）放入苦瓜片翻炒，加盐调味即可（图4-51）。

图 4-51　苦瓜银鱼干

第五十二节　南瓜苦瓜圈

图 4-52　南瓜苦瓜圈

材料

苦瓜、南瓜、蜂蜜。

做法

（1）苦瓜洗净切段，去瓤。

（2）南瓜洗净切块，隔水蒸熟。

（3）将蒸熟的南瓜，适当调入蜂蜜，捣成南瓜泥。

（4）将南瓜泥放入苦瓜腔中。

（5）将苦瓜段摆入盘内，隔水蒸（10分钟即可（图4-52）。

第五十三节　香蕉苦瓜圈

材料

苦瓜、香蕉。

做法

（1）苦瓜洗净切段，去瓤。

（2）香蕉去皮，捣成香蕉泥。

（3）将香蕉泥放入苦瓜腔中。

（4）将苦瓜段摆入盘内，隔水蒸（10分钟即可（图4-53）。

图4-53　香蕉苦瓜圈

第五十四节　豆干炒苦瓜

材料

苦瓜、豆干、生抽、盐、蒜、植物油。

做法

（1）苦瓜洗净去瓤切小块；蒜洗净拍碎。

（2）豆干切丁备用。

（3）锅中放入适量植物油，待油五成热时，放入蒜末爆香。

（4）放入苦瓜块和豆干丁，充分煸炒。

（5）加入生抽和盐调味即可（图4-54）。

图4-54　豆干炒苦瓜

第五十五节　苦瓜爆鸡肝

材料

苦瓜、鸡肝、蒜、花椒、干辣椒、酱油、香葱、姜、盐、植物油。

做法

（1）鸡肝洗净切小块，冷水下锅，同时放进姜片、花椒粒，待水开后焖煮10分钟捞出冲去浮沫备用。

（2）苦瓜洗净去瓤切丁；蒜洗净拍碎；姜洗净切末；香葱洗净切段；干辣椒切碎。

（3）锅中放入适量植物油，待油五成热时，放入姜蒜末、干辣椒碎、花椒粒、香葱段炒香。

（4）放入苦瓜丁、鸡肝、酱油，继续翻炒至苦瓜断生，加盐调味即可（图4-55）。

图4-55 苦瓜爆鸡肝

第五章

苦瓜汤谱

第一节　苦瓜海鲜汤

材料

鲜虾、蛤、苦瓜、胡椒粉、姜、蒜苗、香菜、葱、植物油、盐。

做法

（1）苦瓜洗净去瓤切薄片；姜洗净切片；蒜苗洗净切段；香菜洗净切段；葱洗净切段。

（2）虾洗干净，去须和虾线；蛤泡清水里，放入几滴植物油，让其吐尽泥沙备用。

图5-1　苦瓜海鲜汤

（3）锅中放适量植物油，待油五成热时，放入姜片、葱段爆香。

（4）放入虾，快速翻炒，待虾转色后，加适量水。

（5）待水开后，放进蛤和苦瓜片。

（6）待蛤开口后，放进蒜苗段、香菜段，加入适量盐、胡椒粉调味即可（图5-1）。

第二节　泰式苦瓜汤

材料

苦瓜、红辣椒、蘑菇、香菜、冬阴功料包、盐、植物油。

做法

（1）苦瓜洗净去瓤切片；红辣椒洗净切碎；蘑菇洗净撕碎；香菜洗净切段。

（2）锅中放植物油，待油五成热时，放入蘑菇、红辣椒煸炒。

（3）加入适量开水，调入冬阴功料包煮开。

（4）放入苦瓜片，待汤开后下入香菜段，加适量盐调味即可（图5-2）。

图5-2　泰式苦瓜汤

第三节　苦瓜凤梨鸡汤

材料

苦瓜、鸡肉、凤梨、盐、胡椒粉。

做法

（1）苦瓜洗净去瓤切块。

（2）凤梨去皮切块。

（3）鸡肉洗净斩块。

（4）将苦瓜块、凤梨块、鸡块放入砂锅中，加入适量开水，焖煮20分钟。

（5）加入适量盐、胡椒粉调味即可（图5-3）。

图5-3　苦瓜凤梨鸡汤

第四节　苦瓜蛋花汤

材料

苦瓜、鸡蛋、芝麻油、盐、胡椒粉。

（1）苦瓜洗净去瓤切片。

（2）鸡蛋打散打匀。

（3）锅中放水，待水开后，放入苦瓜片。

（4）淋入鸡蛋液，加入盐、芝麻油、胡椒粉调味即可（图5-4）。

图5-4　苦瓜蛋花汤

第五节　苦瓜豆腐汤

材料

苦瓜、豆腐、盐、胡椒粉、香菜、葱、植物油。

做法

（1）苦瓜洗净去瓤切片；葱洗净切碎；香菜洗净切段。

（2）豆腐切小块。

（3）锅中放适量植物油，待油五成热时，放入葱花爆香。

（4）放入苦瓜片翻炒，加入适量开水。

（5）放入豆腐块，待水开后，加入盐、胡椒粉调味，放入香菜段即可
（图5-5）。

图 5-5 苦瓜豆腐汤

第六节 苦瓜干贝羹

材料

苦瓜、干贝、鸡精、淀粉、盐。

图 5-6 苦瓜干贝羹

做法

（1）苦瓜洗净去瓤切薄片。

（2）锅中放水，水开后加入干贝，小火煮5分钟。

（3）加入苦瓜片，煮沸。

（4）淀粉勾芡，加盐、鸡精调味即可（图5-6）。

第七节　苦瓜火腿汤

材料

苦瓜、火腿、盐、胡椒粉、味精。

做法

（1）苦瓜洗净去瓤，切条。

（2）火腿切条。

（3）锅中放水，待水开后，加入火腿条，煮5分钟。

（4）放入苦瓜条，继续煮3分钟。

（5）加入盐、胡椒粉、味精调味即可（图5-7）。

图5-7　苦瓜火腿汤

第八节　三鲜苦瓜汤

材料

苦瓜、香菇、黑木耳、盐、胡椒粉。

做法

（1）苦瓜洗净去瓤切条。

（2）香菇泡发切薄片。

（3）木耳泡发切丝。

（4）锅中放入少许植物油，待油五成热时，放入苦瓜条、香菇片、黑木耳丝微炒。

（5）加入适量开水，焖煮10分钟，加入盐、胡椒粉调味即可（图5-8）。

图 5-8　三鲜苦瓜汤

第九节　苦瓜排骨汤

材料

苦瓜、排骨、黄豆、盐、胡椒粉、姜。

做法

（1）苦瓜洗净去瓤切块；姜洗净切片。

（2）黄豆洗净提前浸泡2小时。

（3）排骨洗净斩块。

（4）锅内放入适量水，排骨冷水下锅，水开后焯烫2分钟，冲去浮沫。

（5）将排骨、黄豆、姜片放入砂锅内，焖煮30分钟。

（6）将苦瓜块放入锅内，继续焖煮10分钟，加入盐、胡椒粉调味即可（图5-9）。

图5-9 苦瓜排骨汤

第十节 苦瓜蛤蜊汤

材料

苦瓜、蛤蜊、姜、胡椒粉、盐。

做法

（1）苦瓜洗净去瓤切片；姜洗净切片。

（2）蛤蜊放入清水中，滴入几滴油，让其吐尽泥沙。

（3）锅内放水，把蛤蜊和姜片放进去煮。

（4）待水烧开后放入苦瓜片。

（5）拂去汤表面的泡沫，加盐、胡椒粉调味即可（图5-10）。

图5-10　苦瓜蛤蜊汤

第十一节　苦瓜绿豆汤

材料

苦瓜、绿豆、冰糖。

图5-11　苦瓜绿豆汤

做法

（1）苦瓜洗净去瓤切块；绿豆淘洗干净。

（2）锅内放水，放入绿豆。

（3）待绿豆煮烂后，放入苦瓜片和冰糖。

（4）待冰糖化开后即可（图5-11）。

第十二节　苦瓜鲜虾汤

材料

苦瓜、鲜虾、葱、姜、蒜、盐、植物油、胡椒粉。

做法

（1）苦瓜洗净去瓤切片；葱姜蒜洗净切末。

（2）鲜虾洗净去须和虾线。

（3）锅中放入适量植物油，待油五成热时，放入葱姜蒜末爆香。

（4）放入鲜虾翻炒至变色。

（5）放入适量开水，待汤沸后下入苦瓜片。

（6）加入盐和胡椒粉调味即可（图5-12）。

图5-12　苦瓜鲜虾汤

第十三节　苦瓜玉米马蹄汤

材料

苦瓜、玉米、马蹄、盐、姜、胡椒粉。

做法

（1）苦瓜洗净去瓤切块；玉米洗净切小段；马蹄洗净去皮切半；姜洗净切片。

（2）将玉米块、马蹄块、姜片放入锅中，加入适量水，焖煮15分钟。

（3）加入苦瓜块继续焖煮5分钟，加入盐和胡椒粉调味即可（图5-13）。

图5-13　苦瓜玉米马蹄汤

第十四节　苦瓜酸菜汤

材料

苦瓜、酸菜、葱、蒜、盐、植物油、鸡精、香菜。

做法

（1）苦瓜洗净去瓤切片；蒜洗净拍碎；葱洗净切碎；香菜洗净切段。

（2）锅中放入植物油，待油五成热时，放入蒜末、葱花炒香。

（3）加入酸菜煸炒 1 分钟。

（4）加入适量水，待水开后加入苦瓜片。

（5）放入香菜段，加盐、鸡精调味即可（图 5-14）。

图 5-14 苦瓜酸菜汤

第十五节 苦瓜香菇鸡汤

材料

苦瓜、香菇、鸡肉、姜、盐。

做法

（1）苦瓜洗净去瓤切块；姜洗净切片。

（2）香菇提前泡发，切半。

（3）鸡肉斩块，冷水下锅，焯烫 2 分钟，捞出冲去浮沫。

（4）鸡肉、香菇、姜片放入砂锅，加入适量水，焖煮 30 分钟。

（5）加入苦瓜块，继续焖煮 10 分钟，加盐调味即可（图 5-15）。

图 5-15　苦瓜香菇鸡汤

第十六节　苦瓜牛肉汤

材料

苦瓜、牛腩、姜、香菜、盐、胡椒粉、料酒。

图 5-16　苦瓜牛肉汤

做法

（1）苦瓜洗净去瓤切片；姜洗净切片；香菜洗净切段。

（2）牛腩洗净切小块，冷水下锅，水开后，焯烫 2 分钟捞出沥干水分。

（3）牛腩块、姜片放入砂锅，加入清水、料酒焖煮 30 分钟。

（4）加入苦瓜片，继续焖煮 10 分钟。

（5）加盐和胡椒粉调味，撒上香菜段即可（图 5-16）。

第六章

苦瓜饮品

第一节　苦瓜苹果汁

材料

苦瓜、苹果、蜂蜜。

做法

（1）苦瓜洗净去瓤，切丁。

（2）苹果洗净去皮、去核，切小块。

（3）将苦瓜丁、苹果块放入榨汁机中，加入适量矿泉水榨汁。

（4）榨好的果汁过滤到杯子，加入蜂蜜调味即可（图6-1）。

图6-1　苦瓜苹果汁

第二节 苦瓜红提汁

材料

苦瓜、红提、蜂蜜、纯净水。

做法

（1）苦瓜洗净去瓤切丁。

（2）红提洗净备用。

（3）将红提、苦瓜丁、纯净水倒入榨汁机中榨汁。

（4）果汁中加入适量蜂蜜即可（图6-2）。

图6-2 苦瓜红提汁

第三节 苦瓜柠檬汁

材料

苦瓜、柠檬、蜂蜜。

做法

（1）柠檬洗净切片备用。

（2）苦瓜洗净去瓤切丁。

（3）将苦瓜丁放进榨汁机榨汁。

（4）将备好的柠檬片放入苦瓜汁中，并调入适量蜂蜜即可（图6-3）。

图6-3 苦瓜柠檬汁

第四节 苦瓜香橙汁

材料

苦瓜、甜橙、蜂蜜。

图6-4 苦瓜香橙汁

做法

（1）苦瓜洗净去瓤，切成小丁。

（2）甜橙去内外皮，将果肉切成小块。

（3）将苦瓜丁、甜橙块、凉开水一起放入榨汁机中榨汁。

（4）调入适量蜂蜜即可（图6-4）。

第五节　苦瓜蜂蜜汁

材料

苦瓜、蜂蜜、纯净水。

做法

（1）苦瓜洗净去瓤切小块。

（2）将苦瓜小块及适量矿泉水放入榨汁机中榨汁。

（3）苦瓜汁中调入适量蜂蜜搅拌均匀即可（图6-5）。

图6-5　苦瓜蜂蜜汁

第六节　苦瓜菠萝汁

材料

苦瓜、菠萝。

做法

（1）苦瓜洗净去瓤切丁。

（2）菠萝去皮切块。

（3）将苦瓜丁、菠萝块及适量凉开水放入榨汁机中榨汁。

（4）将果汁倒入杯子即可（图6-6）。

图6-6　苦瓜菠萝汁

第七节　苦瓜雪梨汁

材料

苦瓜、雪梨、蜂蜜、凉开水。

做法

（1）苦瓜洗净去瓤切丁。

（2）雪梨洗净去皮去核切成小块。

（3）将苦瓜丁和雪梨块放入榨汁机中，放入适量凉开水榨汁。

（4）将榨好的果汁过滤，添加适量蜂蜜调味即可（图6-7）。

图6-7 苦瓜雪梨汁

主要参考文献

安冉，孙素荣，2011.核糖体失活蛋白在生物医学方面的应用研究进展［J］.疾病预防控制通报，26（4）：87-89.

蔡秀清，2005.a-苦瓜素在毕赤酵母中表达及生物活性分析［D］.广州：华南热带农业大学.

柴瑞华，肖春莹，关健，等，2008.苦瓜总皂苷降血糖作用的研究［J］.中草药，39（5）：746-751.

常凤岗，1995.苦瓜的化学成分研究（Ⅱ）［J］.中草药，26（10）：507-509.

陈红漫，李寒雪，阚国仕，等，2012.苦瓜多糖的抗氧化活性与降血糖作用相关性研究［J］.食品工业科技，33（18）：349-354.

陈铭，2004.后基因组时代的生物信息学［J］.生物信息学（2）：29-34.

陈有旭，汤化琴，1994.试论环境、微量元素与人体健康的关系［J］.天津大学学报，14（1）：63.

成兰英，唐琳，颜钫，等，2008.苦瓜茎叶化学成分分离及结构研究［J］.四川大学学报，45（3）：645-649.

成晓静，田甜，周丽英，等，2016.甜瓜黄瓜素基因启动子的序列及元件分析［J］.分子植物育种，14（9）：2268-2273.

邓缅，刘双凤，孟尧，等，2012.MAP30-PEG 结合物对 A549 体外细胞增殖作用的研究［J］.华西药学杂志，27（4）：395-398.

邓向军，徐斌，董英，2006.苦瓜化学成分的研究进展［J］.时珍国医国药，17（12）：2449-2451.

董英，钱希文，白娟，等，2013.苦瓜改善胰岛素抵抗功能与作用机制研究进展［J］.食品科学，34（21）：369-374.

董英，张慧慧，2008.苦瓜多糖降血糖活性成分的研究［J］.营养学报，30（1）：54-56.

樊剑鸣，朱沙，罗俊，等，2009.苦瓜蛋白 MAP30 在毕赤酵母中的表达及其诱发胃腺癌细胞 MCG803 凋亡的研究［J］.现代预防医学，36（10）：1932.

樊剑鸣，许君，张巧，等，2008.苦瓜核糖体失活蛋白 MAP30 基因的表达及特性分析［J］.郑州大学学报，43（6）：1142-1146.

樊剑鸣，张晓峰，张巧，等，2009.重组苦瓜 MAP30 蛋白对大肠癌 LoVo 细胞凋亡的影响［J］.郑州大学学报，44（1）：116-119.

范戎，许敏，马晓霞，等，2014.苦瓜属植物的化学成分与药理活性研究进展［J］.云南中医学院学报，37（6）：93-100.

傅明辉，田杰，2002.苦瓜籽核糖体失活蛋白的分离纯化及抗氧化活性的研究［J］.中国生化药物杂志，23（3）：134-136.

关健，赵余庆，2007.苦瓜化学成分的研究［J］.中草药，38（12）：1777-1779.

关悦，李扬，王云枫，2013.苦瓜总皂苷对 2 型糖尿病大鼠胰岛素原基因表达的影响［J］.中国食物与营养，19（5）：65-67.

关悦，李扬，2012.苦瓜总皂苷对 2 型糖尿病大鼠肾保护作用及其机制研究［J］.中国食物与营养，18（9）：73-75.

郭宁平，2013.CO_2 超临界萃取法提取苦瓜籽油及其 GC-MS 分析［J］.广东农业科学（11）：77-79.

韩晓红，邵世和，薛延军，等，2011.重组苦瓜叶蛋白 MAP30 诱导人食管癌细胞株 EC-1.71 凋亡的实验研究［J］.临床检验杂志，29（5）：354-357.

何培之，王世驹，李续娥，2001.普通化学［M］.北京：科学出版社.

何贤辉，曾耀英，孙荭，等，2001.天花粉蛋白诱导人类白血病细胞株 HL60 细胞凋亡的研究［J］.中国病理生理杂志，17（3）：200-203.

何义国，赵兴秀，邓静，等，2013.苦瓜籽蛋白 MAP30 的聚乙二醇化学修饰及抗肿瘤活性研究［J］.天然产物研究与开发，25：662-666.

侯振江，周秀艳，2004.微量元素与疾病［J］.微量元素与健康研究，21（6）：16-17.

胡蒋宁，张超，邓泽元，等，2011.Lipozyme RM IM 脂肪酶催化苦瓜籽油和癸酸合成功能性油脂［J］.食品科技，32（24）：92-97.

黄河，邵世和，韩晓红，等，2010.苦瓜 *MAP30* 基因的克隆表达及对 BGC-823 细胞形态的影响［J］.江苏大学学报，20（2）：136-140.

黄玉，杨波，迟小华，等，2010.真核生物启动子的研究及应用［J］.生物技术通讯，21（2）：275–279.

贾林甫，石建平，1998.药用蔬菜——苦瓜［J］.山西农业科学（7）：37–39.

金灵玲，唐婷，邢旺兴，2015.苦瓜的化学成分及其药理作用［J］.健康研究，35（1）：23–24.

冷波，吴宇，谭诗珂，2016.苦瓜籽 MAP30 酶活性试验研究［J］.药物生物技术，23（1）：52–54.

李春阳，贾文祥，张雪梅，等，2001.苦瓜蛋白诱发胃癌细胞 SGC7901 凋亡的研究［J］.四川肿瘤防治，14（1）：1.

李东阳，周艳，叶美菊，2007.不同产地的苦瓜营养成分分析［J］.微量元素与健康研究，24（5）：29–30.

李辉，罗非君，林亲录，2013.γ–生育酚抗癌作用研究进展［J］.粮食与油脂，26（3）：6–8.

李建国，2005.核糖体失活蛋白的研究进展［J］.分子植物育种，3（4）：566–570.

李清艳，梁鸿，王邠，等，2009.苦瓜的化学成分研究［J］.药学学报，44（9）：1014–1018.

李双杰，王佐，邓晖，等，2004.苦瓜素对柯萨奇 B3 病毒核糖核酸的作用及其机制［J］.实用儿科临床杂志，19（7）：548–550.

李雯，陈燕芬，吴楠，等，2012.苦瓜叶的化学成分研究［J］.中草药，43（9）：1712–1715.

李翔，郭红梅，单少杰，等，2013.苦瓜叶片化学成分的气—质联用分析及抗虫作用研究［J］.安徽农业科学，41（15）：6688–6691.

李永梅，冯玉杰，曹新文，等，2016.能源橡胶草 GGPPS 基因启动子的克隆及瞬时表达研究［J］.草业学报，25（12）：180–187.

廖自基，1992.微量元素的环境化学及生物效应［M］.北京：中国环境科学出版社.

林育泉，周鹏，曾召绵，2005.苦瓜 MAP30 蛋白基因克隆、表达及其抗肿瘤活性研究［J］.中国生物工程杂志，25（5）：60–66.

凌冰，向亚林，王国才，等.2009.苦瓜叶提取物对美洲斑潜蝇取食和产卵行为的抑制作用［J］.应用生态学报，20（4）：836–842.

刘思，林育泉，周鹏，等，2007.苦瓜 MAP30 蛋白功能区段缺失体构建及其生物活性研究［J］.药物生物技术，14（6）：391–396.

刘小如，邓泽元，范亚苇，等，2010. ICP-AES 测定苦瓜籽矿质元素及 GC-MS 鉴定其油脂脂肪酸［J］. 光谱学与光谱分析，30（8）：2265-2268.

刘旭庆，黄永忠，张海霞，等，2004. 苦瓜籽中脂肪酸的分离鉴定与比较［J］. 兰州大学学报，40（1）：50-52.

刘玉瑛，张江丽，2007. 几个真核生物启动子计算机预测数据库资源概述［J］. 湖南农业科学（4）：70-71.

刘子记，牛玉，杨衍，2013. 热研一号油绿苦瓜种子纯度的 SSR 鉴定［J］. 热带作物学报，34（11）：2179-2182.

刘子记，牛玉，朱婕，等，2017. 苦瓜核心种质资源构建方法的比较［J］. 华南农业大学学报，38（1）：31-37.

卢薇，何其章，1999. 医用化学［M］. 南京：东南大学出版社.

栾杰，陈秀玲，侯莉华，等，2012. *MAP30* 基因转化烟草的研究［J］. 东北农业大学学报，43（7）：109-112.

马春宇，于洪宇，王慧娇，等，2013. 苦瓜总皂苷对 2 型糖尿病大鼠血脂和脂肪因子的研究［J］. 中药药理与临床，29（5）：56-59.

毛娟，陆璐，陈佰鸿，等，2014. 甜瓜 CmACOI 启动子组织特异性表达研究［J］. 园艺学报，40（6）：1101-1109.

孟尧，姚兴川，王殊睿，等，2011. 抗 α- 苦瓜素单克隆抗体的制备与鉴定［J］. 生物医学工程学杂志，28（6）：1181-1184.

倪悦，吕怡，夏书芹，等，2011. 苦瓜籽油的复凝聚微胶囊化技术研究［J］. 食品工业科技（7）：237-241.

聂丽娜，夏兰琴，徐兆师，等，2008. 植物基因启动子的克隆及其功能研究进展［J］. 植物遗传资源学报，9（3）：385-391.

欧阳永长，庄东红，胡忠，等，2008. α- 苦瓜素基因的克隆和原核表达［J］. 武汉植物学研究，26（1）：7-11.

潘辉，赵余庆，2007. 苦瓜化学成分的研究［J］. 中草药，38（1）：9-11.

彭爱芝，李劲，1996. 苦瓜中氨基酸和无机元素的含量分析［J］. 湖南医科大学学报，21（4）：305.

邱华丽，穰杰，丁学知，等，2014. 苦瓜 MAP30 蛋白的原核表达及其生物活性研究［J］. 中国生物工程杂志，34（6）：40-46.

屈玮，陈彦光，吴祖强，等，2014. 苦瓜提取物抑制 3T3-L1 脂肪细胞脂肪沉淀研究［J］.食品科学，35（5）：188-192.

沈富林，曹东亮，邓斐，等，2014.α-苦瓜素体内抗人乳腺癌 MCF-7 移植瘤实验［J］.成都医学院学报，9（6）：686-689.

宋金平，2012.苦瓜多糖对糖尿病小鼠的降血糖作用和胰岛素水平的影响［J］.中国实用医药，7（3）：250-251.

孙明茂，洪夏铁，李圭星，等，2006.水稻籽粒微量元素含量的遗传研究进展［J］.中国农业科学，39（10）：1947-1955.

汤琴，邓媛元，张雁，等，2014.苦瓜对肿瘤细胞的抑制作用及其活性成分研究进展［J］.广东农业科学（13）：104-109.

王虎，李吉来，李伟佳，等，2011.苦瓜化学成分研究［J］.中国实验方剂学杂志，17（16）：54-56.

王九平，孙永涛，白雪帆，等，2003.MAP30 抗乙型肝炎病毒的体外实验［J］.第四军医大学学报，24（9）：837-839.

王临旭，孙永涛，杨为松，等，2003.抗 HIV 植物蛋白 MAP30 等药物的体外抗单纯疱疹病毒作用［J］.医学研究生学报，16（4）：244-247.

王临旭，孙永涛，杨为松，等，2003.植物蛋白 MAP30 体外抗 HIV-1 的实验研究［J］.解放军医学杂志，28（10）：894-896.

王临旭，孙永涛，杨为松，等，2003.植物蛋白 MAP30 等药物抗 HBV 的体外实验［J］.第四军医大学学报，24（9）：840.

王美娜，潘娟，王楠，等，2015.苦瓜蛋白 MAP30 的抗菌作用及 PTD-MAP30 跨克氏原螯虾肠膜功能的研究［J］.生物学通报，50（10）：43-45.

王书珍，2013.重组核糖体失活蛋白 alpha- 苦瓜素的生物学活性分析［D］.武汉：武汉大学.

魏桂民，张金文，王蒂，等，2014.马铃薯 sgt2 基因启动子的克隆与活性分析［J］.甘肃农业大学学报，53（1）：41-47.

魏周玲，彭浩然，潘琪，等，2017.核糖体失活蛋白（α-MC）亚细胞定位及对 TMV 的抑制作用［J］.中国农业科学，50（5）：840-848.

吴丹，邓泽元，余迎利，2006.苦瓜籽中脂肪酸成分分析［J］.食品科技，31（9）：227-229.

吴兆明，王玉琦，孙景信，1996.不同品系小麦和小黑麦种子中金属元素含量的比较研究［J］.作物学报，22（5）：565-567.

夏敏，2003.必需微量元素与人体健康［J］.广东微量元素科学，10（1）：11-16.

向亚林，凌冰，张茂新，2005.苦瓜化学成分和生物活性的研究进展［J］.天然产物研究与开发，17（2）：242.

向长萍，吴昌银，汪李平，2000.苦瓜营养成分分析及利用评价［J］.华中农业大学学报，19（4）：388-390.

肖志艳，陈迪华，斯建勇，2000.苦瓜的化学成分研究［J］.中草药，31（8）：571-573.

谢捷明，谢盈，陈明晃，等，2005.八棱丝瓜蛋白-1对B-16细胞的诱导分化作用［J］.肿瘤防治杂志，12（20）：1521-1524.

熊术道，尹丽慧，李景荣，等，2006.苦瓜蛋白诱导K562细胞凋亡及其对Bcl-2、PCNA蛋白表达的影响［J］.中国免疫学杂志，22（11）：1002-1005.

熊术道，尹丽慧，李景荣，等，2005.黏附分子CD54、CD44在苦瓜蛋白诱导K562细胞凋亡中的作用［J］.中国临床药理学与治疗学，10（12）：1403-1407.

杨娣，孟大利，曹家庆，等，2013.苦瓜皂苷的现代药学和降血糖作用的研究进展［J］.中草药，44（24）：3582-3591.

杨振容，成睿珍，李玥，等，2014.苦瓜茎叶醋酸乙酯部位的化学成分研究［J］.现代药物与临床，29（4）：346-348.

杨振容，成睿珍，李玥，等，2013.苦瓜茎叶的化学成分研究［J］.现代药物与临床，28（5）：665-667.

尹丽慧，熊术道，韩义香，等，2007.苦瓜蛋白诱导K562细胞凋亡的实验研究［J］.中国中医药科技，14（6）：416-418.

于瑞祥，张欣，张秀芹，等，2013.反相高效液相色谱法同时测定植物油中四种生育酚［J］.分析测试学报，32（6）：764-767.

于长春，郑长春，王庆华，等，1995.苦瓜籽中脂肪酸的分离及生理作用研究［J］.松辽学报，4（2）：41-42.

曾佑玲，吉庆发，易琼，等，2010.向日葵叶抗氧化成分24-亚甲基环木菠萝烷醇的分离提取［J］.中兽医医药杂志（2）：40-41.

张飞，潘亚萍，杨康，2011.苦瓜籽油脂肪酸成分的GC-MS分析［J］.粮食与食品工业，18（3）：19-22.

张黎黎，丁倩，詹金彪，2010.苦瓜核糖体失活蛋白 MAP30 的原核表达和生物活性研究［J］.浙江大学学报，39（3）：264.

赵妍，丁国华，鲍宁宇，2009.苦瓜果实的药用和苦瓜蛋白 MAP30 的研究进展［J］.东北农业大学学报，40（10）：129.

郑建仙，1999.功能性食品（第二卷）［M］.北京：中国轻工业出版社.

周丽英，卜璐璐，杨春雷，等，2016.西瓜果实 *AGPL1* 基因启动子的序列分析［J］.亚热带植物科学，45（2）：122–126.

周小东，沈富兵，2013.MAP30 蛋白结构功能的生物信息学研究［J］.广西植物，33（4）：560.

朱玉贤，李毅，2007.现代分子生物学［M］.第 2 版.北京：高等教育出版社.

朱照静，1990.苦瓜研究进展［J］.国外医药，5（2）：62–65.

朱振洪，杨威威，葛立军，等，2010.MAP30 全长基因的克隆及在巴斯德毕赤酵母中的高效表达研究［J］.中国医药生物技术，5（2）：110–116.

Ahmad Z, Zamhuri K F, Yaacob A, et al, 2012. In vitro anti-diabetic activities and chemical analysis of polypeptide-k and oil isolated from seeds of *Momordica charantia* (bitter gourd) [J]. Molecules, 17(8): 9631-9640.

Arazi T, Lee Huang P, Lin Huang P, et al, 2002. Production of antiviral and antitumor proteins [J]. Biochem Biophys Res Commun, 292(2): 441-448.

Barbieri L, Battelli M G, Stirpe F, 1993. Ribosome-inactivating proteins from plants [J]. Biochim Biophys Acta, 1154(3-4): 237-282.

Barbieri L, Gorini P, Valbonesi P, et al, 1994. Unexpected activity of saporins [J]. Nature, 372(6507): 624.

Bian X, Shen F, Chen Y, et al, 2010. PEGylation of alpha-momorcharin: synthesis and characterization of novel anti-tumor conjugates with therapeutic potential [J]. Biotechnology Letters, 32(7): 883-890.

Bourinbaiar A S, Lee-Huang S, 1995. Potentiation of anti-HIV activity of anti-inflammatory drugs, dexamethasone and indomethacin, by MAP30, the antiviral agent from bitter melon [J]. Biochem Biophys Res Commun, 208(2): 779-785.

Bourinbaiar A S, Lee-Huang S, 1996. The activity of plant-derived antiretroviral proteins MAP30 and GAP31 against herpes simplex virus infection in vitro [J]. Biochem Biophys Res Commun, 219(3): 923-929.

Braca A, Siciliano T, D'Arrigo M, et al, 2008. Chemical composition and antimicrobial activity of *Momordica charantia* seed essential oil [J]. Fitoterapia, 79(2): 123-125.

Butler J E, Kadonaga J T, 2002. The RNA polymerase II core promoter: a key component in the regulation of gene expression[J]. Genes Dev, 16(20): 2583-2592.

Cao D, Sun Y, Wang L, et al, 2015. Alpha-momorcharin (α-MMC) exerts effective anti-human breast tumor activities but has a narrow therapeutic window in vivo [J]. Fitoterapia, 100: 139-149.

Chao C Y, Sung P J, Wang W H, et al, 2014. Anti-inflammatory effect of *Momordica charantia* in sepsis mice[J]. Molecules, 19(8): 12777-12788.

Ciou S Y, Hsu C C, Kuo Y H, et al. 2014. Effect of wild bitter gourd treatment on inflammatory responses in BALB/c mice with sepsis [J]. Biomedicine 4(3): 17.

Courtney A, Schreiber M D, Livia Wan M D, et al, 1999. The antiviral agents, MAP30 and GAP31, are not toxic to human spermatozoa and may be useful in preventing the sexual transmission of human immunodeficiency virus type 1 [J]. Fertility and Sterility, 72(4): 686-690.

Cummings E, Hundal H S, Wackerhage H, 2004. *Momordica charantia* fruit juice stimulates glucose and amino acid uptakes in L6 myotubes[J]. Mol Cell Biochem, 261(2): 99.

Dandawate P R, Subramaniam D, Padhye S B, et al, 2016. Bitter melon: a panacea for inflammation and cancer [J]. Chin J Nat Med, 14(2): 81-100.

De Virgilio M, Lombardi A, Caliandro R, et al, 2010. Ribosome inactivating proteins: from plant defense to tumor attack [J]. Toxins, 2(11): 2699-2737.

Deng Y Y, Yi Y, Zhang L F, et al, 2014. Immunomodulatory activity and partial characterisation of polysaccharides from *Momordica charantia* [J]. Molecules, 19(9): 13432-13447.

Dhar P, Chattopadhyay K, Bhattacharyya D, et al, 2006. Antioxidative effect of conjugated linolenic acid in diabetic and non-diabetic blood: an in vitro study [J]. J Oleo Sci, 56(1): 19-24.

Endo Y, Tsurugi K, 1987. RNA N-glycosidase activity of ricin A-chain. Mechanism of action of the toxic lectin ricin on eukaryotic ribosomes [J]. Journal of Biological Chemistry, 262(17): 8128-8130.

Fan J M, Luo J, Xu J, et al, 2008. Effects of recombinant MAP30 on cell proliferation and apoptosis of human colorectal carcinoma LoVo cell [J]. Mol Biotechnol, 39(1): 79-86.

Fan J M, Zhang Q, Xu J, et al, 2009. Inhibition on hepatitis B virus in vitro of recombinant MAP30 from bitter melon [J]. Mol Biol Rep, 36(2): 381-388.

Fan X, He L, Meng Y, et al, 2015. α-MMC and MAP30, two ribosome inactivating proteins extracted from *Momordica charantia*, induce cell cycle arrest and apoptosis in A549 human lung carcinoma cells[J]. Mol Med Rep, 3176.

Fang E F, Ng T B, Shaw P C, et al, 2011. Recent progress in medicinal investigations on trichosanthin and other ribosome inactivating proteins from the plant genus trichosanthes [J]. Curr Med Chem, 18(1): 4410-4417.

Fang E F, Ng T B, 2011, Bitter gourd (*Momordica charantia*) is a cornucopia of health: a review of its credited antidiabetic, anti-HIV, and antitumor properties [J]. Curr Mol Med,11 (5): 417-436.

Fang E F, Zhang C Z, Fong W P, et al, 2011. RNase MC2: a new *momordica charantia* ribonuclease that induces apoptosis in breast cancer cells associated with activation of MAPKS and induction of caspase pathways [J]. Apoptosis, 17(1): 377-387.

Fang E F, Zhang C Z, Zhang L, et al, 2012. Trichosanthin inhibits breast cancer cell proliferation in both cell lines and nude mice by promotion of apoptosis[J]. PLoS One, 7: e41592.

Fong W P, Poon Y T, Wong T M, et al, 1996. A highly efficient procedure for purifying the ribosome-inactivating proteins alpha- and beta-momorcharins from *Momordica charantia* seeds, N-terminal sequence comparison and establishment of their N-glycosidase activity [J]. Life Sci, 59(11): 901-909.

Fong W P, Wong R N, Go T T, et al, 1991. Minireview: enzymatic properties of ribosome-inactivating proteins (RIPs) and related toxins[J]. Life Sciences, 49(25): 1859.

Girbes T, Ferreras J M, Arias F J, et al, 2004. Description, distribution, activity and phylogenetic relationship of ribosome inactivating proteins in plants, fungi and bacteria [J]. Mini Reviews in Medicinal Chemistry, 4(5): 461-476.

Graham R, Senadhira D, Beebe S, et al, 1999. Breeding for micronutrient density in edible portions of staple food crops: conventional approaches[J]. Field Crops Research, 60: 57-80.

Grossmann M E, Mizuno N K, Dammen M L, et al, 2009. Eleostearic acid inhibits breast cancer proliferation by means of an oxidation-dependent mechanism [J]. Cancer Prev Res, 2 (10): 879-886.

Grover J K, Vats V, Rathi S S, 2001. Traditional Indian antidiabetic plants attenuate progression of renal damage in streptozotocin induced diabetic mice[J]. Ethnophar-macology, 76: 233.

Ho W K, Liu S C, Shaw P C, et al, 1991. Cloning of the cDNA of alpha-momorcharin: a ribosome inactivating protein [J]. Biochim Biophys Acta, 1088(2): 311-314.

Hsiao P C, Liaw C C, Hwang S Y, et al, 2013. Antiproliferative and hypoglycemic cucurbitane-type glycosides from the fruits of *Momordica charantia*[J]. Journal of Agriculture and Food Chemistry, 61(12): 2979-2986.

Huang P L, Sun Y, Chen H C, et al, 1999. Proteolytic fragments of anti HIV and anti tumor proteins MAP30 and GAP31 are biologically active [J]. Biochem Biophys Res Commun, 262(3): 615-623.

Igarashi M, Miyazawa T, 2000. Newly recognized cytotoxic effect of conjugated trienoic fatty acids on cultured human tumor cells [J]. Cancer Letters, 148(2): 173-179.

Iseli T J, Turner N, Zeng X. et al, 2013. Activation of AMPK by bitter melon triter-penoids involves CaMKK β[J]. Plos One, 8(4): e62309.

Khanna P, Jain S C, Panagariya A, et al, 1981. Hypoglycemic activity of polypeptide-p from a plant source[J]. Journal of Natural Product, 44(6): 648-655.

Lee H S, Huang P L, Huang P L, et al, 1995. Inhibition of the integrase of human im-munodeficiency virus (HIV) type 1 by anti HIV plant proteins MAP30 and GAP31 [J]. Proc Natl Acad Sci, 92(19): 8818.

Lee T I, Young R A, 2013. Transcriptional regulation and its misregulation in disease [J]. Cell, 152(6): 1237-1251.

Lee-Huang S, Huang P L, Chen H C, et al, 1995. Anti-HIV andanti-tumor activities of recombinant MAP30 from bitter melon [J]. Gene, 161(2): 151-156.

Lee-Huang S, Huang P L, Nara P L, et al, 1990. MAP30: a new inhibitor of HIV infection and replication [J]. FEBS Letters, 272(1/2): 12-18.

Lee-Huang S, Huang P L, Sun Y, et al, 2000. Inhibition of MDA-MB-231 human breast tumor xenografts and HER2 expression by antitumor agents and MAP30 [J]. Antcancer Res, 20(2A): 653-659.

Lescot M, Déhais P, Moreau Y, et al, 2002. PlantCARE: a database of plant cis-acting regulatory elements and a portal to tools for in silico analysis of promoter sequences [J]. Nucleic Acids Res, 30(1): 325-327.

Leung S O, Yeung H W, Leung K N, 1987. The immunosuppressive activities of two abortifacient proteins isolated from the seeds of bitter melon (*Momordica charantia*) [J]. Immunopharmacology, 13(3): 159-171.

Li J L, Wang Y Q, Huang J, et al, 2010. Characterization of antioxidant polysaccharides in bitter gourd (*Momordica charantia* L.) cultivars[J]. Journal of Food Agriculture and Environment(4): 2189-2193.

Liaw C C, Huang H C, Hsiao P C, et al, 2015. 5β, 19-epoxycucurbitane triterpenoids from *Momordica charantia* and their anti-inflammatory and cytotoxic activity [J]. Planta Med, 81(1): 62-70.

Licastro F, Franceschi C, Barbieri L, et al, 1980. Toicity of *Momordica charantia* lectin and inhibitor for human normal and leukaemic lymphocytes[J]. Virchows Archiv B, 33(2): 257-265.

Linsen L, Hammond E C, Nikolau B J, 1997. In vivo studies of the biosynthesis of a-eleostearicAcid in the seed of *Momordica charantia* L. [J]. Plant Physiol, 113(4): 1343-1349.

Liu F, Wang B, Wang Z, et al, 2012. Trichosanthin down-regulates Notch signaling and inhibits proliferation of the nasopharyngeal carcinoma cell line CNE2 in vitro [J]. Fitoterapia, 83(5): 838-842.

Liu Z J, Niu Y, Zhu J, et al, 2016. Study on genetic diversity of agronomic traits and genetic relationships among core collections of bitter gourd[J]. Agricultural Science & Technology, 17(5): 1134-1138.

Lo H, Ho T, Lin C, et al, 2013. *Momordica charantia* and its novel polypeptide regulate glucose homeostasis in mice via binding to insulin receptor[J]. Journal of Agricultural and Food Chemistry, (63): 2461-2468.

Lord J M, Hartley M R, Roberts L M, 1991. Ribosome inactivating proteins of plants [J]. Semin Cell Biol, 2(1): 15-22.

Mahomoodally M F, Fakim A G, Subratty A H, 2004. *Momordica charantia* extracts inhibit uptake of monosaccharide and amino acid across rat everted gutacs in-vitro[J]. Biol Pharm Bull, 27(2): 216.

Manoharan G, Jaiswal S R, Singh J, et al, 2014. Effect of α, β momorcharin on viability, caspase activity, cytochrome c release and on cytosolic calcium levels in different cancer cell lines [J]. Molecular & Cellular Biochemistry, 388(1/2): 233-240.

Matsuur H, Asakawa C, Kurimoto M, 2002. Alpha-glucosidase inhibitor from the seeds of balsam pear (*Momordica charantia*) and the fruit bodies of Grifo lafrondosa[J]. Biosci Biotechnol Biochem, 66(7): 1576.

McGrath M S, Hwang K M, Caldwell S E, et al, 1989. GLQ223: an inhibitor of human immunodeficiency virus replication in acutely and chronically infected cells of lymphocyteand mononuclea phagocyte lineage [J]. Proc Natl Acad Sci USA, 86(8): 2844-2848.

Meng Y, Lin S, Liu S, et al, 2014. A novel method for simultaneous production of two ribosome-inactivating proteins, alpha-MMC and MAP30, from *Momordica charantia* L [J]. PLoS ONE, 9: e101998.

Mentreddy S R. 2007. Review-medicinal plant species with potential antidiabetic properties [J]. Sci Food Agric, 87: 743-750.

Minami Y, Nakahara Y, Funatsu G, 1992. Isolation and characterization of two momordins, ribosome-inactivating proteins from the seeds of *Momordica charantia*[J]. Biosci Biotech Biochem, 56(9): 1470-1471.

Mock J W, Ng T B, Wong R N, et al, 1996. Demonstration of ribonuclease activity in the plant ribosome-inactivating proteins alpha- and beta-momorcharins [J]. Life Sci, 59(22): 1853-1859.

Mohamed S, 2014. Functional foods against metabolic syndrome (obesity, diabetes, hypertension and dyslipidemia) and cardiovascular disease[J]. Trends in Food Science and Technology, (35): 114-128.

Ng T B, Wong C M, Li W W, et al, 1986. Isolation and characterization of a galactose binding lectin with insulinomimetic activities [J]. Int J Pept Protein Res, 28(2): 163-

172.

Ng T B, Liu W K, Sze S F, et al, 1994. Action of alpha-momorcharin, a ribosome inactivating protein, on cultured tumor cell lines [J]. Gen Pharmacol,25(1): 75-77.

Pan W L, Wong J H, Fang E F, et al, 2014. Preferential cytotoxicity of the type I ribosome inactivating protein alpha-momorcharin on human nasopharyngeal carcinoma cells under normoxia and hypoxia [J]. Biochem Pharmacol, 89(3): 329-339.

Panda B C, Mondal S, Devi K S, et al, 2015. Pectic polysaccharide from the green fruits of *Momordica charantia* (Karela): structural characterization and study of immunoenhancing and antioxidant properties [J]. Carbohydr Res, 401: 24-31.

Peumans W J, Hao Q, Damme E J V, 2001. Ribosome-inactivating proteins from plants: more than RNA N-glycosidases[J]. FASEB Journal,15(9): 1493-1506.

Pieroni A, Houlihan L, Ansari N, et al, 2007. Medicinal perceptions of vegetables traditionally consumed by South-Asian migrants living in Bradford, Northern England [J]. J Ethnopharmacol, 113: 100-110.

Pino M T, Skinner J S, Park E J, et al, 2007. Use of a stress inducible promoter to drive ectopic AtCBF expression improves potato freezing tolerance while minimizing negative effects on tuber yield[J]. Plant Biotechnol J, 5(5): 591-604.

Qian Q, Huang L, Yi R, et al, 2014. Enhanced resistance to blast fungus in rice (*Oryza sativa* L.) by expressing the ribosome-inactivating protein α-momorcharin [J]. Plant Sci, 217-218: 1-7.

Rajasekhar M D, Badri K R, Kumar K V, et al, 2010. Isolation and characterization of a novel antihyperglycemic protein from the fruits of *Momordica cymbalaria*[J]. Journal of Ethnopharmacology (128): 58-62.

Rathi S S, Grover J K, Vikrant V, 2002. Prevention of experimental diabetic cataract by Indian Ayurvedic plant extracts[J]. Phytotherapy Research, 16: 774.

Raza H, Ahmed I, John A, 2004. Tissue specific expression and immunohisto chemical localization of glutathione S-transferase in streptozotocin induced diabetic rats: modulation by *Momordica charantia* (Karela) extract[J]. Life Sci, 74(12): 1503-1511.

Sathishsekar D, Subramanian S, 2005. Beneficial effects of *Momordica charantia* seeds in the treatment of STZ-induced diabetes in experimental rats[J]. Biol Pharm Bull, 28(6):978-83.

Schaefer H, Renner S S, 2010. A three-genome phylogeny of *Momordica* (*Cucurbitaceae*) suggests seven returns from dioecy to monoecy and recent long-distance dispersal to Asia [J]. Mol Phylogenet Evol, 54(2): 553-560.

Schreiber C A, Wan L, Sun Y, et al, 1999. The antiviral agents, MAP30 and GAP31, are no toxic to human spermatozoa and may be useful in preventing the sexual transmission of human immunodefciency virus type 1 [J]. Fertil Steril, 72(4): 686-690.

Sitasawad S L, Shewade Y, Bhonde R, 2000. Role of bitter gourd fruit juice in stz-induced diabetic state in vivo and in vitro[J]. E thmopharnacol,73(1): 71.

Stirpe F, Barbieri L, Battelli M G, et al, 1992. Ribosome-inactivating proteins from plants: present status and future prospects [J]. Nature Biotechnology,10(4): 405-412.

Stirpe F, Olsnes S, Pihl A, 1980. Gelonin, a new inhibitor of protein synthesis, nontoxic to intact cells. Isolation, characterization, and preparation of cytotoxic complexes with concanavalin [J]. Journal of Biological Chemistry, 255(14): 6947-6953.

Stirpe F, 2004. Ribosome-inactivating proteins [J]. Toxicon, 44(4): 371-383.

Sucrow W, 1966. Inhaltsstoffe von *Momordica charantia* L., I. Δ5.25-Stigmastadien-ol-(3β) und sein β-D-Glucosid [J]. Chem Ber, 99(9): 2765-2777.

Sun Y, Huang P L, Li J J, et al, 2001. Anti-HIV agent MAP30 modulates the expression profile of viral and cellular genes for proliferation and apoptosis in AIDS-related lymphoma cells infected with Kaposi's sarcoma-associated virus [J]. Biochem Biophys Res Commun, 287(4): 983-994.

Tahira S, Hussain F, 2014. Antidiabetic evaluation of *Momordica charantia* L. fruit extracts [J]. West Indian Med J, 63(4): 298-303.

Thomas T M, Yeung H W, Fong W P, 1992. Deoxyribonucleolytic activity of α- and β-momorcharins [J]. Life Sciences, 51(92): 1347-1353.

Trethowan R M, Reynolds M, Sayre K, et al, 2005. Adapting wheat cultivars to resource conserving farming practices and human nutritional needs[J]. Annals of Applied Biology, 146: 405-413.

Tsao S W, Ng T B, Yeung H W, 1990. Toxicities of trichosanthin and alpha-momorcharin, abortifacient proteins from Chinese medicinal plants, on cultured tumor cell lines[J]. Toxicon, 28(1): 1183-1192.

Urasaki N, Takagi H, Natsume S, et al, 2017. Draft genome sequence of bitter gourd

(*Momordica charantia*), a vegetable and medicinal plant in tropical and subtropical regions [J]. DNA Res, 24(1): 51-58.

Valerie R, Michael K, Peter O, 2013. Transcriptional regulation of gene expression in C. elegans [J]. WormBook, 4(6): 1-34.

Wang H X, Ng T B, 1998. Ribosome inactivating protein and lectin from bitter melon (*Momordica charantia*) seeds: sequence comparison with related proteins [J]. Biochem Bioph Res Co, 253(1) :143-146.

Wang P, Huang S, Wang F, et al, 2013. Cyclic AMP-response element regulated cell cycle arrestsin cancer cells [J]. PLoS One, 8(6): e65661.

Wang S Z, Zhang Y B, Liu H G, et al, 2012. Molecular cloning and functional analysis of a recombinant ribosome-inactivating protein (alpha-momorcharin) from *Momordica charantia* [J]. Applied Microbiology and Biotechnology, 96(4): 939-950.

Wang S, Zheng Y, Yan J, et al, 2013. Alpha-momorcharin: a ribosome-inactivating protein from *Momordica charantia*, possessing DNA cleavage properties [J]. Protein Pept Lett, 20(11): 1257-1263.

Wang Y X, Jacob J, Wingfield P T, et al, 2000. Anti-HIV and antitumor protein MAP30, a 30 kDa single-strand type-I RIP, shares similar secondary structure and beta-sheet topology with the a chain of ricin, a type-II RIP [J]. Protein Sci,9(1): 138.

Wang Y X, Neamati N, Jacob J, et al, 1999. Solution structure of anti HIV-1 and anti-tumor protein MAP30: structural insights into its multiple functions [J]. Cell, 99(4): 433.

Welch R M, Graham R D, 2002. Breeding crops for enhanced micronutrient content[J]. Plant and Soil, 245: 205-214.

Welch R M, Graham R D, 2004. Breeding for micronutrients in staple food crops from a human nutrition perspective[J]. Journal of Experimental Botany, 55: 353-364.

Welch R M, House W A, Ortiz-Monasterio I, et al, 2005. Potential for improving bio-available zinc in wheat grain (*Triticum species*) through plant breeding[J]. Journal of Agricultural and Food Chemistry, 53: 2176-2180.

Yang S J, Choi J M, Park S E, et al, 2015. Preventive effects of bitter melon (*Momordica charantia*) against insulin resistance and diabetes are associated with the inhibition of NF-κB and JNK pathways in high-fat-fed OLETF rats [J]. J Nutr

Biochem, 26(3): 234-240.

Yao X, Li J, Deng N, et al, 2011. Immunoaffinity purification of α-momorcharin from bitter melon seeds (*Momordica charantia*) [J]. J Sep Sci, 34: 3092-3098.

Yasuda M, Iwamoto M, Okabe H, 1984. Sturctures of momordicines I, II and III,the bitter principles in the leaves and vines of *Momordica charantia* L[J]. Chem Pharm Bull, 32(5): 2044-2047.

Yasui, Hosokawa M, Sahara T, et al, 2005. Bitter gourd seed fatty acid rich in 9 c, 11 t, 13 t-conjugated linolenic acid induces apoptosis and upregulates the GADD45,p53 and PPARγ in human colon cancer Caco2 cells [J]. Prostaglandins, Leukotrienes and Essential Fatty acids, 73(2): 113-119.

Yuan X, Gu X, Tang J, 2008. Purification and characterization of a hypoglycemic peptide from *Momordica charantia* L. var. *abbreviate* Ser[J]. Food Chemistry,111(2): 415-420.

Zhang C Z, Fang E F, Zhang H T, et al, 2015. *Momordica Charantia* lectin exhibits antitumor activity towards hepatocellular carcinoma [J]. Invest New Drugs,33(1): 1-11.

Zhang L J, Liaw C C, Hsiao P C, et al, 2014. Cucurbitane-type glycosides from the fruits of *Momordica charantia* and their hypoglycaemic and cytotoxic activities[J]. Journal of Functional Foods, 6(1): 564-574.

Zheng Y T, Ben K L, Jin S W, 1999. Alpha-momorcharin inhibits HIV-1 replication in acutely but not chronically infected T-lymphocytes [J]. Acta Pharmacologica Sinica, 20(3): 239-243.

Zhu F, Zhang P, Meng Y F, et al, 2013. Alpha-momorcharin, a RIP produced by bitter melon, enhances defense response in tobacco plants against diverse plant viruses and shows antifungal activity in vitro [J]. Planta, 237(1): 77-88.